JN086304

食のいのち
人のいのち

赤峰　勝人

笑がお書房

プロローグ

人生とは何だろう？　人は何のために地球に出てくるのだろうか。
そんなことを考えたことはありませんか。毎日の生活に追われて、自分の人生について ゆっくり考える暇などないという方が多いのではないでしょうか。自ら深く考えることもなく、簡単に手に入る、どうでもいいような情報に振り回され、何が真実か見えなくされているように思えてなりません。

一人でも多くの人に真実を見るための物差しである、陰陽と循環を知ってもらい、楽しい人生を送ってくださることを願って書かせていただきました。

第1章では、循環の大切さを、そして循環しないものを作りすぎた結果、どうなっていくのかについて。

第2章では、大地と生き物のつながり。無農薬を完成するまでの12年間の中で、知ることのできた、常識とはまったく反対の事実について。

第3章では、大宇宙の中にいながら、大宇宙を見ることがないのが、その中に住むものの宿命。魚は水の中にいて水を知らないように、人も宇宙に住みながらそのことに気づかないまま、あちらに帰っていきます。楽しい人生を送るために、手に入れてほしい循環と陰陽の物差しについて。

第4章では、百姓人生での、さまざまな体験の中で知った、自然の中に自生する植物の素晴らしさ、偉大さについて。

第5章では、なずなグループが目指す8項目について。

まずは命の食をいただくことですが、皆さんの命を守るはずの安全な作物はほとんどありません。このことを知っていただき、安全な食をいただくために、今何を成すべきかを一緒に考えましょう。

赤峰 勝人

食のいのち　人のいのち……もくじ

第1章　現代人が背負い込んだ化学物質

第2章　生きものに命を与えるミネラルの力

第3章　陰と陽、宇宙の法則

第4章　植物が持っている薬効と自然療法

第5章 人間とは何か、命とは何か

第1章　現代人が背負い込んだ化学物質

すべては畑が教えてくれた

美味しくて命に溢れた野菜を作りたい。その一心で1962年（昭和37年）に百姓になることを決意しました。それ以来今まで一度も、百姓をやめたいと思ったことはありません。まずは農業高校で教わった「近代化学農法」をもとに、家業を継いで化学肥料を使った野菜栽培を始めました。最初はうまくできましたが、それも1〜2年だけのこと。その後は、もう加速度的に作物ができなくなっていきました。

なぜだろう？　何がいけないのだろう？　それからの野菜作りは、まさに試行錯誤の連続でした。

さまざまなことが起こりました。1968年（昭和43年）には借金をして作ったビニールハウスが九州地方を襲った大雪で全壊し、その春には、1歳4ヵ月の長男が雪解け水の溜まった水桶の中に落ちて死んでしまいました。

それをきっかけに、子供の頃から漠然と抱き続けていた、生と死のことについて考えざるを得なくなりました。わずか1歳4ヵ月というあまりにも短い人生を送るために、長男は何のために生まれ、そして死んでいったのか？　その自問自答に自ら苛まれていきました。

そんな中でも、野菜作りへの思いは変わらなかった、というよりも畑で過ごす時間が、唯一の救いであったと言えます。心にのしかかるさまざまなことを忘れられる時間でした。

１９６９年（昭和44年）、土の分析の先生との出会いが、百姓としての大きな転機となりました。近代化学農法に行き詰まりを感じながらも暗中模索の日々に、光があてられたのです。先生の指導のもと、畑の土の分析をしながら化学肥料を入れる無農薬栽培を始めました。

その後、畑でのいろいろな気づきから、また『複合汚染』というタイトルの本との出会いから、１９７７年（昭和52年）に、あらためて完全無農薬栽培を目指し始めました。それは、**農薬も化学肥料も一切使わない、堆肥だけで土作りを始めることでした。堆肥には、牛糞を使ったり、鶏糞や豚糞、人糞などを試しながら、少しずつですが、自分の理想とする野菜の完成を目指していました。**

ある酒盛りの夜、酔った勢いで仕事場に設置していた鉄棒に飛びつき、2メートル下のコンクリートへ頭から真っ逆さまに激突しました。1980年（昭和55年）のことでした。頭皮が割れ、真っ白い頭蓋骨が飛び出し、あたりは血の海だったと言います。誰もが助からないと思っていたようですが、2時間以上をかけて40針を縫う大手術が行われました。

この時、私の魂は肉体から離れ、黄金色の光の中にいました。太陽の光とは異なる、なんとも温かく美しい光です。涙がとめどなく流れてきました。ああ、このままこの光に包まれていたい。そう思いながらふと下を見ると、何かがぼんやりと見えます。意識を集中して見つめると、そこは病室の中でした。

誰かが包帯をぐるぐる巻かれた頭を氷で冷やされながら、ベッドに横たわっています。その傍らには、一人の女性が椅子に腰かけたままうつむいて眠っています。その女性をよく見ると、家内でした。もう本当にびっくりしました。寝ている男の顔を見ると、なんと自分自身です。なんだ？　いったい何が起きている？

どうして自分が自分自身を見ているんだ⁉　そう思った瞬間、自分の肉体に戻っていました。

これが死後の世界だとするならば、死は怖いものではないということを漠然と感じました。それ以来、死に対する恐怖感は消えていきました。医者からは奇跡としかいいようがないと言われました。首の骨も折れず、頭蓋骨も陥没していないなんて、それだけで奇跡だと言うのです。

「なんで自分は助かったのだろう？」、そう思わざるを得ませんでした。「生きて何かをやらなければならないのかなあ？」と思いました。

1982年（昭和57年）、百姓になってから20年後に、ようやく無農薬、無化学肥料による栽培が完成し、やっと納得のいく野菜が作れるようになりました。化学肥料も農薬も一切使わない、見栄えも良く、安全で、しかも美味しいという4拍子そろった野菜です。

翌年1983年（昭和58年）5月、心地良い風がなびくなか、一人ニンジンの間引きをしていた時、突然、わかったのです。

「すべてはまわっている、宇宙に存在するすべてのものは、まわっている、循環している」ということに気づきました。循環しているのは「命のエネルギー」であり、そここには宇宙の法則が働いているのです。

太陽の光を元にして、命のエネルギーは、水や空気や大地、そしてすべての生きものたちの中に、いろいろに形を変えながら大きく循環しています。土から生まれたものは土に還り、天から地へと降り注いだ水は、地で暮らすすべての命を潤し、やがて地から天へ還っていきます。宇宙は命に満ち、命のエネルギーは次々にリレーされ、大宇宙を循環しているのです。

この事実に気づいた時、同時に、今の地球でいちばん壊れているものは、循環に他ならないという深刻な事実を正視せざるを得なくなりました。人間は宇宙の循環から大きくはみ出してしまい、自然の力をもってしても浄化できないものを作り過ぎました。大地を傷つけ、川と海を汚し、草木や動物たちの生命を奪ってきました。

日本の農業を一変させた国の計画

昭和30年代までは、日本の畑作は輪作の考え方を中心に進められていました。輪作とは、同じ畑に一定の年限をおいて、異なる種類の作物を交代に繰り返し栽培することです。例えば、ダイコンは同じ畑に植えるには3年以上の間隔が必要なので、それまでは他の作物を植えつけます。スイカは8年に1回、里芋は5年に1回、トマトやナスは8年に1回、キュウリは5年に1回です。

何十種類もの作物の中で連作できるのは、カボチャとニンジンくらいと言われています。それでもなずな農園によるデータでは、ニンジンは8年ほど連作した後、他の作物を1～2年植えたほうが好結果が出ます。カボチャは2年は連作できますが、3年目になるとうどんこ病が発生して収穫量が落ちてきます。

このように、連作できる作物はほとんどありません。連作できない理由はミネラルにあると思っています。自然循環によってその畑に生える草がミネラルを作り出し、その土に貯めてくれる年限が輪作年限だと考えています。

ところが、1960年（昭和35年）に発足した池田勇人内閣は、国民所得倍増計画を掲げ、農工併進の掛け声とともに工業化を一気に推し進めました。中卒者は金の卵と祭り上げられ、農村の若者は工業化の進む都会へと連れていかれました。

おかげで農村の働き手が激減してしまいました。それでも都会に食べものを送り込むために、田畑の基盤整理、大型農機の導入を奨励して機械化を進めました。それと並行して積極的に奨励されたのが、これまでの輪作の否定と田畑への化学肥料の導入です。化学肥料は魔法の肥料であるかのように宣伝され、瞬く間に日本全国へと広がっていきました。

産業廃棄物から作られた化学肥料

植物を焼いて分析してみると、窒素、リン酸、カリウムが多量に含まれていることがわかります。だから、こういう物質を与えれば作物が育つのではないかと考えたのでしょうか？

化学肥料の原料は工業廃棄物です。日本の工業化に伴ってできてきた「産業廃棄物」をもとに、「化学肥料」が作られるようになったのです。

例えば、製鉄会社が鉄鉱石を溶かす際には硫酸を使いますが、その結果として、不要の産物である産業廃棄物が生まれます。このやっかいものをどうするか？　化学肥料の開発者も製鉄会社も、まさに一石二鳥だと喜んだことでしょう。その産業廃棄物が硫酸アンモニアという化学肥料と称して売り出されたのです。

畑に化学肥料を撒いて立派な作物ができるのは、土そのものにまだ元気のある最初の1~2年のうちだけです。やがて土の中は化学肥料によって次第に高濃度となり、その結果、植物の根毛が死滅してしまい、やがて地上部の葉も死んでしまいます。

ほうれん草の畑を見れば、このことが一目瞭然です。無農薬・無化学肥料で育てられている、ほうれん草の根はどんどん広がり、ほうれん草の葉をめくると、その下に羽毛のような細かくて白い根毛が、びっしりと上がっているのが確認できます。ところが、化学肥料づけの、ほうれん草では、その白い根毛が見られません。根そのものが枯れ、ほとんど消えてしまっているのです。

ダメージを受けるのは、作物だけではありません。土中に生息する昆虫や微生物も、高い浸透圧のために体内から水分を奪われ、化学肥料の毒素にも侵されながら、やがて死滅してしまいます。土の中の昆虫や微生物は物質循環の重要な担い手であり、有機物を分解して土を肥やしてくれています。作物が健康に育つうえで、彼らはなくてはならない貴重な存在なのです。

農薬や化学肥料を使い続けてきた畑に、刈った草をすき込んでも、何ヵ月経っても、草はそのまま残っています。土の中の昆虫や微生物が死滅しているため、分解も発酵も進まないからです。もはやこれは死んだ土であり、そこからは生命力のある作物はできません。できるのは見栄えだけがいい、命のない作物ばかりです。

すべての存在には意味がある

土の表面の10㎝ほどが表土で、その中に昆虫や微生物の90％以上が生息しています。昆虫がせっせと草木の死骸を食べて糞を出し、その糞を微生物が食べて完全な土を作っています。表土は石の粉ではなく、植物が昆虫と微生物の力によって姿を変えたものなのです。

生きた土の中には昆虫やカビ、微生物が無数に生活しています。そして彼らが生きていくためには、太陽エネルギーをいっぱい蓄えた草や木の死骸が必要です。彼らは草木の死骸を食べて生活し、彼らが食べたカスや糞、彼らの死骸が土を豊かにしてくれます。そのことがまた、草や木に豊かな命を与えてくれることになります。一匹として無駄な虫はいないし、無駄なカビも存在しません。そして、一種たりとも無駄な草はないのです。その死骸や糞でさえ、ひとつとして無駄なものはありません。すべての存在には意味があり、その死すら次の命を生かすために完全に役立てられています。まさに、すべてが命を引き継いでいくために循環しているのです。

動物の場合、体内の消化酵素が体重の３％以上あって初めて健康だと言われています。これは土の中も同様で、土の重さの３％以上の昆虫や微生物が生息していて初めて、土は生きた土となります。

10アールの土で言えば、その広さはおよそ畳６００枚ほどです。その表土は表面の10㎝分ですから、ざっと１００トンほどの重さになります。その３％以上の量ということは、３トン以上の昆虫や微生物が生活していなくてはならないことになります。

このような生きた土は、１００年で厚さ1㎝分しかできないそうです。作物ができるためには、最低でも深さ10㎝の土がいります。10㎝の土ができるまでには１０００年かかります。そういう貴重な土を、ここ50～60年で化学肥料を撒いて、土の中にあったミネラルを奪いつくし、エネルギーのない死んだ土に変えてしまったのです。

有機物に富んだ土ならば、命をいっぱいに含んだ素晴らしい米や野菜ができます。ミネラルをたっぷり含んだ命ある野菜を収穫するということは、畑からそれだけ土の栄養分を持って出たのと同じことになります。持って出るばかりでは、畑は痩せていく一方ですから、持って出たら、その分を畑に還さなければなりません。

それを還すのが、その畑に生えてくる草と完熟堆肥です。完熟堆肥を還せば、土は痩せることなく、豊かな実りを続けます。これが土の循環です。畑の土もまた、循環させていかなければなりません。ところが、近代農法と呼ばれるものは、土を循環させるどころか、代々受け継がれてきた命に満ちた土を、化学肥料と農薬（殺菌剤、除草剤、殺虫剤、燻蒸剤）によって、微生物も生息できな

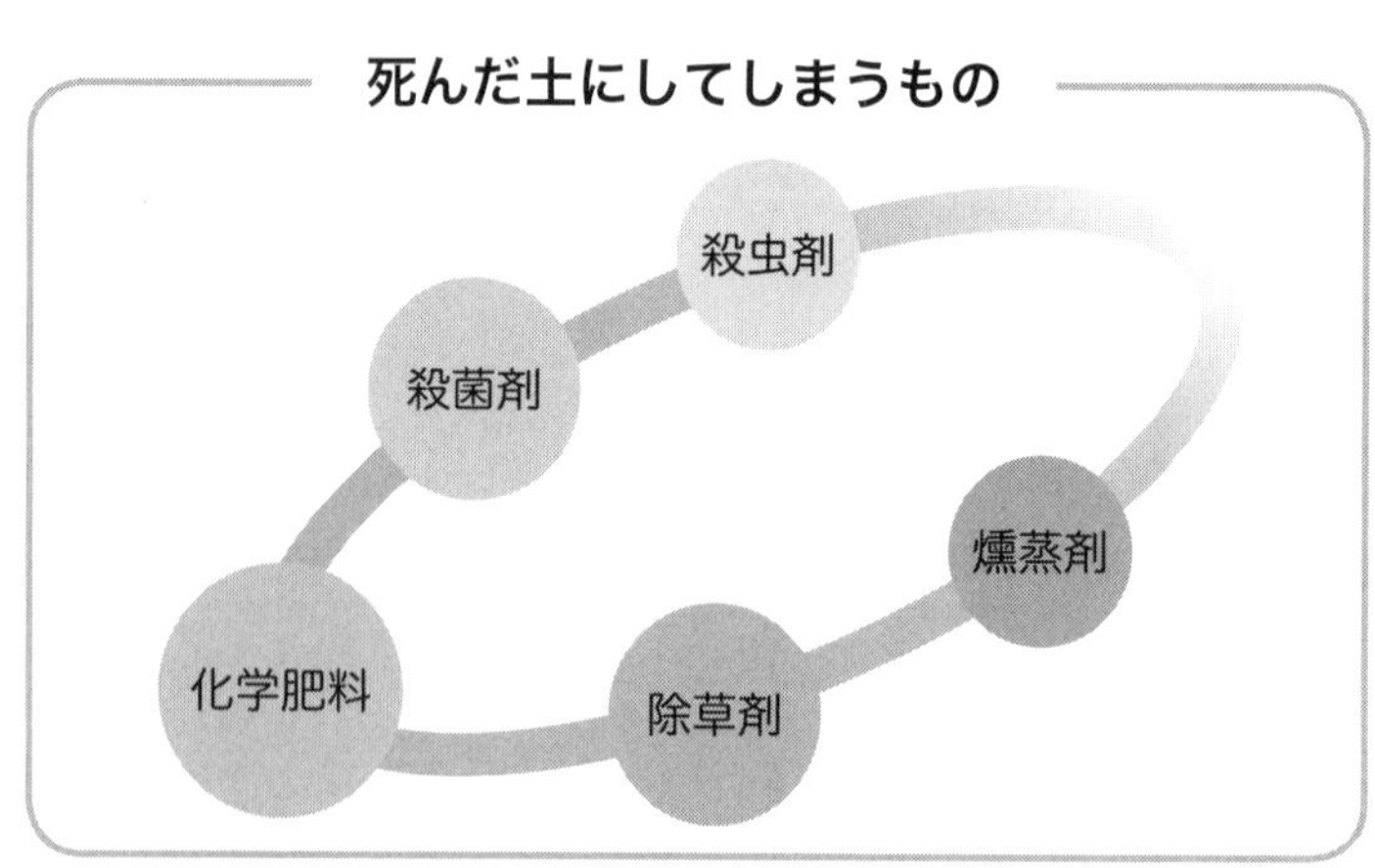

い死んだ土に変えてしまったのです。

化学肥料まみれの畑で育てられている野菜は、根毛を失い、土から養分を摂れなくなってしまうため、病気にかかりやすくなります。それを何とかしようと、今度は農薬が盛んに使われるようになりました。農家の人々は殺菌剤を撒いて作物を病気から護ろうとし、見せかけだけの形を何とか整えようとします。すると、今度は弱った作物に虫が付き始めます。その虫を嫌い、次には毒性の強い殺虫剤を使い始めます。

１９５７年（昭和32年）頃には、早くも除草剤が登場しました。これによって、やがて水田の生きものが全滅してしまうことになります。昔は、夏の間には田んぼの中にウナギが絶えたことがありませんでした。今はどうでしょうか。ウナギどころか、田んぼに生息する水生動物はほとんど見ることができません。挙句の果ては、毒ガスである土壌燻蒸剤を土の中に打ち込み、昆虫や微生物の皆殺しを行いました。今ではもはや、田んぼも畑も、土の中にはほとんど生命が存在していません。

史上最強の毒、ダイオキシン

このような状況下で育てられた今の野菜の中には、多種類の化学物質、殺菌剤、殺虫剤、燻蒸剤、除草剤が浸透しています。何よりも恐ろしいのは、これらのほとんどは、有機物と反応することで史上最強の毒であるダイオキシンになっていく危険性をはらんでいることです。

ダイオキシンは発ガン性、催奇形性などの毒性がきわめて高く、環境ホルモンとして生殖器官に影響を与える危険性も指摘されている猛毒です。

一般的にはダイオキシンの主な排出源は焼却施設であると言われ、１９９９年（平成11年）に公布された「ダイオキシン類対策特別措置法」によって、焼却施設からの排出が重点的に抑制され、ダイオキシンの排出が急激に減少したとされています。

しかし日本では、ダイオキシンの混入した大量のＰＣＰが、１９６０年代に水田用の主力除草剤として使用されていました。このＰＣＰは、強い毒性があるために使用禁止になりましたが、それに代わってＣＮＰが製造され、水田用の主力除草剤として１９９４年（平成6年）まで販売されていました。このＣＮＰも現在では使用されていませんが、それでも塩素系農薬がダイオキシンの元となる危険性が指摘されています。

環境省が、２００２年（平成14年）に実施した、農用地土壌のダイオキシン類調査結果では、「土壌中のダイオキシン類濃度は、食料の安全性を損なう濃度ではない」と報告されています。しかし、仮にもしそのとおりだとしても、今なお日本の畑や水田の土壌には、ダイオキシンが蓄積していることもまた、疑いようのない事実なのです。

いずれにせよ、農薬はほぼすべて発ガン性物質であり、除草剤やホルモン剤には催奇形性もあります。

史上最強の毒　ダイオキシン
（2.3.7.8 四塩化ダイオキシン）

<table>
<tr>
<td>【危険性】
発ガン性、催奇形性、肝臓障害、生殖障害

【毒性】
・青酸カリの17万倍の致死毒性
・サリドマイドの1000倍の催奇形性
※横浜国立大学　加藤龍夫教授（「農薬と環境破壊 56 話」より）</td>
<td>【発生源】
農薬・化学肥料・ゴミ焼却場

【ダイオキシンが含まれるもの】
・ベトナムの枯葉作戦に使われた245T
・除草剤（PCP、CNP、NIT、MCPA）
・塩素系農薬</td>
</tr>
</table>

こうした毒物の体内への取り込みを防ぐためには、意識しながら自ら食べるものを選んでいくしかありません。どうか、じっくりお考えいただきたいと思います。

急速に進む生物多様性の減少

国連の環境特別調査官の予測によると、生物多様性の減少が、急ピッチで進んでいるそうです。恐竜時代には、約1000年に1種しか絶滅していなかったのに対し、1975〜2000年のわずか25年の間には、13分に1種、1年に4万種もの生命が地球上から消えているそうです。この期間はまさに、化学肥料と農薬が世界規模で急激に拡散していった年代とぴったり一致します。

そのあまりにも大きなツケが、今、人に回ってきているのです。生まれる子供が少なくなり、しかも生まれた子供たちの8割が何らかの疾患やアレルギーをかかえていると言われています。

全体を見ても今や2人に1人がガンに罹り、毎年およそ100万人強の死亡者のう

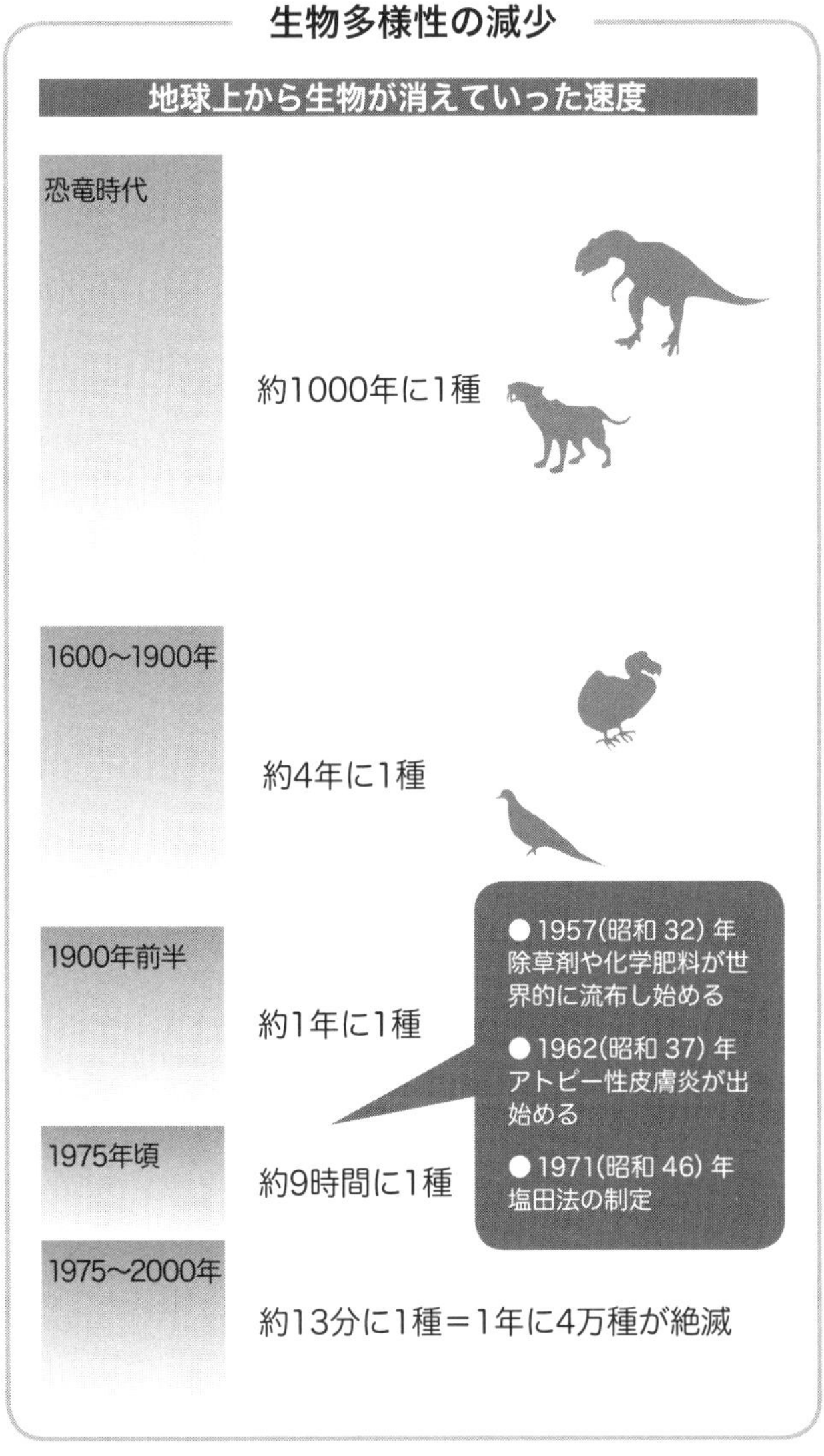

ち、約34万人がガンで亡くなっているそうです。つまり、3人に1人がガンによって

生物多様性の減少

地球上から生物が消えていった速度

恐竜時代	約1000年に1種
1600〜1900年	約4年に1種
1900年前半	約1年に1種
1975年頃	約9時間に1種
1975〜2000年	約13分に1種＝1年に4万種が絶滅

- 1957(昭和 32) 年 除草剤や化学肥料が世界的に流布し始める
- 1962(昭和 37) 年 アトピー性皮膚炎が出始める
- 1971(昭和 46) 年 塩田法の制定

命を奪われていることになります。日本は世界でもトップクラスの「ガン大国」なのです。他にも、心疾患、脳血管疾患、高血圧、糖尿病など、さまざまな疾患が増え続けています。

その第一の原因は、「食」が狂ってしまっているからだと思います。**今、市場に出回っているのは、農薬まみれ、化学肥料まみれ、石油化学物質まみれの、とても食べものとは言えない体に害を及ぼす危険なものばかりです。**

その危険性を訴えるために、１９８６年（昭和61年）に「なずなの会」を立ち上げ、講演で全国を駆け回るようになりました。しかし、なかなか思うようには伝わっていきません。皆さんの多くは、おそらく「食材はスーパーで買うしかないし、そこまでこだわってはいられない」とお思いになっているのではないでしょうか。

しかし、現実はそんなに呑気に構えていられる状況ではありません。そのことを少しでもご理解いただくために、驚くべき事実を紹介します。

精子が激減しているという衝撃の事実

帝京大学医学部の研究チームが、１９９７年（平成9年）に発表した驚くべき調査データがあります。１９５０年代当時、男性の精子の数は、１ccあたりの平均値が1億２０００万〜1億３０００万個でした。ところが１９９０年（平成２年）に行った調査では、何とその平均値は６０００万個へと半減していたのです。

さらに驚くべきことに、１９９７年にラグビー選手の20歳から26歳までの健康な若者の精子の数や運動率を調べたところ、世界保健機構（ＷＨＯ）の基準を満たした「子供をつくれる能力」のある若者は、たった1人しかいないという信じがたい結果が出たのです。

男性の精子が、戦後から激減しているというのは、世界的な傾向であり、デンマークでも同じような調査結果が発表されています。日本では人口減少とともに、夫婦の不妊問題が取りざたされていますが、その原因は食品の汚染に関係があるのです。

精子の数が激減している原因は、「環境ホルモン」にあると言われています。これは内分泌攪乱化学物質とも呼ばれ、ホルモン作用を乱して男性ホルモンの働きを抑え、「オスをメス化させる」そうです。そして恐ろしいことに、この環境ホルモンは、食品添加物、防腐剤、農薬、殺虫剤、医薬品、プラスチックの原材料など、身の周りに溢れているのです。

米の消費量はどんどん減り、おまけにその米も野菜も、農薬と化学肥料まみれです。畜産や魚の養殖現場では、病気の発生を抑えて成長を早めるために、抗生物質やホルモン剤が餌に混ぜて与えられています。さらに、スーパーに大量に並べられている加工食品には、添加物として自然界には存在しない石油化学合成物質が、ほぼ例外なく含まれています。こうした「食品」が、人体を恐ろしいレベルにまで汚染しているのです。

厚生労働省は、「これは仮説の段階だ」として、規制には乗り出していません。規制によって生じる経済的・社会的な大混乱を危惧しているからかもしれません。学校給食でも、こうした「食品」が当たり前のように使われています。女性の場合でも、卵巣ガンや乳ガン、ホルモン異常による弊害が起こり得るという学者の指摘もあります。

残念ながら、これが現実なのです。「食べものに、そこまで神経を配れない」という次元は、もはやとっくに超えてしまっています。

毒物に汚染された輸入小麦

米の消費量の低下にともなって、パンや麺類を日常的に食べる人が大幅に増えてきました。その原材料は、言うまでもなく小麦です。日本は世界でも有数の小麦消費国であり、全消費量の約85％を輸入しています。この輸入小麦が問題なのです。

海外から輸入される小麦は、それぞれの国で収穫されてから長い時間をかけて、日本へと船で運ばれてきます。その運送時間が長くかかればかかるほど、運送中に害虫やカビが発生する危険性が高くなりますし、搬送ルートによっては高温にさらされる熱帯地域を通ってくることになります。そこで害虫やカビの発生を防ぐために行われているのが、「ポストハーベスト農薬」と呼ばれる防虫剤や防腐剤、防カビ剤の使用です。

収穫された小麦には、ポストハーベスト農薬が大量にふりかけられたり、燻蒸処理され、機械で均一に混ぜられた後、しばらく倉庫に貯蔵されてから船に積み込まれます。**このポストハーベスト農薬の濃度は、通常、畑で使われている農薬の100〜数100倍もあるのです。長期間にわたって熱帯地域を通過する穀物が、虫もわかず、腐りもせず、カビも生えない**などということは、普通ではあり得ません。その理由が、この驚くべき高濃度のポストハーベスト農薬なのです。

穀象虫という、象の鼻のような口をした暗褐色の虫をご存知でしょうか。穀物が好物であり、米びつの中に発生しているのを見たことがある人もいるかと思います。輸入小麦の中に、この穀象虫を入れると、蓋をしていなければ、一目散に全部逃げ出します。蓋をすると、3日間で全部死にます。

国産小麦では、もちろんそんなことはありませんが、全消費量の約85%、年間約530万トンもの小麦が、このような毒物で汚染されているのです。そんな恐ろしい粉を使って、大半のパンやケーキ、ラーメン、うどん、ソーメン、パスタなどが作られています。

残留農薬として検出されるポストハーベスト農薬の多くは、有機リン系の殺虫剤だそうです。この有機リン系の殺虫剤には、発ガン性、催奇形性、遺伝子情報を狂わせる変異原生、生殖機能に害を及ぼす生殖毒性があると指摘されています。しかも、輸入される大豆、トウモロコシ、オレンジ、レモン、サクランボ等といった農作物にも、同じようにポストハーベスト農薬による処理が施されているのです。それでも皆さんは、こうした輸入作物を平気で口にできるでしょうか？

「塩田法」による自然海塩の販売禁止

塩は私たちの命の元です。私たちの血液は、１％の塩分濃度を保っています。海から生まれたすべての生命は、海水に含まれるミネラルがなければ生きていけません。だから、昔から人々は血液のことを「血潮」と呼んできたのです。

人体に必要なミネラルは、一般的にはカルシウム、リン、カリウム、ナトリウム、塩素、マグネシウムなどをはじめとする16種類だと言われています。

ただミネラルの研究は遅れている部分もあり、詳しいことまではまだほとんどわかっていません。ミネラルの種類は多く、100種類以上あるとされています。その中には、たとえまだ解明されていなくても、人体に必要なものがまだあるでしょう。体の中に異常が起きた時、潜在意識が300万分の1秒の速さで脳に指令を送り、このミネラルを使って、この薬を作りなさいという指示が出るそうです。

私たちは、この生命維持に不可欠のミネラルを体の中で作ることはできないのです。すべて食べものとして、口から摂取する方法しかありません。海水から作った自然海塩は、この人体に必要なミネラルをすべて含んでいます。

ところが、1972年（昭和47年）に施行された「塩田法（塩業の整備および近代化の促進に関する臨時措置法）」によって、日本人は長年にわたって塩化ナトリウムが99％という化学塩を強制的に食べさせられてきました。

高度経済成長の中で、工業塩の需要が高まったため、国は純度の高い塩を安価に供給する体制作りを図りました。その結果として施行されたのが「塩田法」です。この法律により、「イオン交換樹脂膜電気透析法」によって化学的に海水から塩化ナトリウムだけを取り出した化学塩以外の販売が一切、禁止されました。昔ながらのミネラル豊かな自然海塩を製造することも販売することも、法律によって禁止されたのです。

この高純度化学塩は、工業用としては適していましたが、人体にとって不可欠のミネラルをまったく含まない欠陥塩でした。これはもはや塩ではなく、いわば石油の力で生み出された化合物に過ぎません。極論すれば、これは塩化ナトリウム99％の毒でした。そんな毒を、私たち日本人は塩専売法が廃止される１９９７年（平成９年）まで、25年間も強制的に食べさせられてきたのです。

自然海塩が豊富なミネラルを含む理由

では、昔ながらの製法で作られた自然海塩は、どうしてミネラルを豊富に含んでいるのでしょうか。ここにも循環の原理が見事なまでに働いています。

海に注ぎ込んでいるのは、たくさんの川です。その川の水は、山に降った雨が土に吸い込まれ、長い時間をかけて土の中を旅しながら地下水となり、やがてせせらぎとなって地表に流れ出したものが集まったものです。

森の中にある落葉広葉樹は、土の中のミネラルを吸収し、太陽エネルギーを使って光合成を行いながら生長していきます。そして冬になると落葉し、地表には落ち葉が幾重にも積もっていきます。この落葉は地中に住む昆虫やミミズや微生物によって分解され、栄養塩（ミネラル）となって土壌を豊かに肥やしていきます。山に降った雨は、時間をかけて、この土壌のミネラルをたっぷり含みながら、やがて川となって海へと流れていきます。

つまり、海の水には、大地のすべての栄養分が溶け込んでいることになります。**海が命の源だと言われ、海という字が水（サンズイ）に人の母と書くゆえんです。海の水はミネラルのスープです。そして塩は、海のエキスであり、草や木のエキスでもあるのです。**

花粉症は「自然海塩」で改善される

こうした自然の循環から、完全にかけ離れた化学塩による弊害は、すぐに現れ始めました。この化学塩の摂取に加えて、農薬、化学肥料、石油化学合成物質、抗生物質まみれの農産物や水産物が普及するようになってから、難病、奇病、ガンが激増し始めたのです。

花粉症は「塩田法」が施行された、1972年（昭和47年）を境に、発症し始めました。それ以前には、花粉症など存在しなかったのです。花粉症というのは、実は完全に塩切れ、ミネラル切れによって起こる病気です。

花粉症が発症するのは、花粉のせいばかりではありません。塩化ナトリウム99％の化学塩の摂取によって血液中のミネラルが不足してしまうため、体は花粉の刺激によって目汁、鼻汁を出し、血液中の塩分濃度を維持しようとします。この症状が花粉症のようです。

それまでは何ともなかったのに、ある年から突然に花粉症の症状が現れたり、人間から餌を与えられている猿などに花粉症が出ているのも、原因の大半はミネラル不足です。今の市販の作物にはミネラルが少なくなっています。

ですから、海水から作った自然海塩を摂っていると、花粉症は収まってきます。自然海塩を食べるようになった人は、花粉症が改善されてきます。その際、味噌、醤油、漬け物、梅干しも、自然海塩で作られたものに替えていきます。自然海塩を直に摂る時は、腎臓に負担がかからないように煎り塩にします。野菜は青菜をよく摂り、油炒めにして塩味を濃くします。

水分の摂り過ぎは、塩分濃度が薄まるのでよくありません。塩が足りなくなると、体は目汁、鼻汁、寝汗、手汗をかいて水分を外に出し、血液の塩分濃度を維持しようとします。尿の回数の目安は、1日5回ぐらいです。それ以上トイレに行くのであれば、水分の摂り過ぎです。

減塩の食生活が招く高血圧症

今の日本人の大半は、完全な塩切れ（ミネラル不足）の状態にあります。日本人の米と野菜を中心にした食生活では、1日で18gの塩を消費すると言われています。ですから、塩をしっかり摂らないと、間違いなく塩切れ（ミネラル不足）になります。

ところが、世の中は、とにかく「減塩、減塩」の声の嵐で、高血圧を始め、さまざ

まな病気の元凶が塩の摂り過ぎであるかのように声高に叫ばれています。しかし、これはとんでもない間違いで、事実はまったく逆なのです。

高血圧を例にとりましょう。今の日本人は、肉や魚、砂糖類をはじめとする酸性食品をたくさん食べています。血液が酸性側に傾くと粘度が高くなって、べとべとになり、細い毛細血管の末端までは流れづらくなります。細胞の末端にまで血液を行きわたらせるために、心臓は仕方なくポンプアップします。そうして現れるのが高血圧です。

現代医学は、高血圧を招く主原因を塩の摂り過ぎだと捉え、日本高血圧協会では、塩の摂取量の基準を、1日3～5gと定めています。

高血圧治療のために病院に行くと、血液をさらさらにするカルシウム拮抗剤などの降圧剤が処方されます。降圧剤を飲むというのは、単なる対症療法で根本的な治療ではありませんから、飲むのをやめると血液はすぐにべとべとの状態に戻ります。下手をすると脳梗塞や心筋梗塞を招きかねませんから、降圧剤はやめられなくなってしまいます。

でも、実際は、ミネラルをたっぷり含んだ自然海塩を摂れば、血圧は正常に戻ります。塩はアルカリ性なので、酸性の血液を中庸に戻します。そして血液がさらさらになり、血圧は正常値に戻っていきます。

この結果を、食事指導を通して本当に数多く見てきました。はっきり結果が出ています。塩を摂って血圧が上がるなどということは、あり得ません。

ただし、これはミネラルを豊富に含んだ自然海塩での話であり、塩化ナトリウム99％の化学塩では当てはまりません。繰り返しますが、化学塩は毒であり、ミネラル不足によるさまざまな弊害を体にもたらします。ですから、自然海塩をしっかり摂ってください。塩を減らしていくと、間違いなく血圧が上がっていきます。

血圧の正常値は「年齢＋90±10」と言われています。これもぜひ覚えておいてください。例えば70歳だと「70＋90±10」ですから、160となり、上下に10±で150～170ミリHgが正常値となります。

ところが、今は血圧の正常値は、年齢に関係なく130ミリHg未満と定められています。かつての基準値は、150ミリHgでした。それを130ミリHgに落とした時、新たに2000万人の「高血圧患者」が誕生したそうです。

この結果を歓迎するのは、いったい誰なのでしょうか？

そもそも、赤ちゃんから70〜80歳のお爺ちゃん、お婆ちゃんまでが、一緒の基準値でひとくくりに扱われていいものでしょうか？

とにかく、自然海塩をしっかり摂ってください。自然海塩は完全に水に溶けますが、化学塩は火にかけても最後まで溶けないものが残ります。体内でもやはり溶けませんから、徐々に溜まり続けて結石となり、人体に害を及ぼします。他のイオンを体外に押し出したり、くっついたりしてさまざまな病気を引き起こします。自然海塩であれば完全に水に溶けますから、余分な塩分は尿と一緒に体外に排出されます。

塩の力と電気の力が心臓を動かす

塩の重要性について、もう少し詳しくご説明しましょう。

塩は、植物細胞や動物の体細胞の水分を調整しています。危篤の重病人に打つと息を吹き返すリンゲル氏液は、１％の食塩水でできています。お母さんのお腹で赤ちゃんを育てる羊水の塩分濃度も約１％です。塩は草や木のエキスでもあり、動物にも人にも不可欠なものです。家畜に充分に塩を与えないと子を生まないことは、よく知られています。塩化ナトリウム99%の化学塩は飼料としては不適格で、化学塩を与えると、発育不良を起こしたり、短命に終わったりするのはよく知られた事実です。

余談ですが、家の戸口に塩を盛る「盛り塩」の風習は、平安時代に始まりました。これは牛車を引く牛が塩を舐めて動かなくなるようにと、側室が始めた風習だと言われています。当時の結婚生活は、夫婦が同居せずにあいての住まいを訪ねる通い婚でした。側室たちは自分の所に相手の男性が立ち寄るようにと、塩で牛を立ち止まらせたというわけです。牛も塩の大切さをちゃんとわかっているのですね。飲食店でたまに目にする盛り塩には、「お客様に来てもらえますように」という願いが込められたものです。

心臓を動かしているのは、塩の力(陽)と宇宙の電気の力(陰)です。心臓には1000分の1ボルトの電気が流れています。電気は陰性なので、心筋をゆるませて膨らませ、心房にたまっている血液を心室へと吸い込みます。そして塩は極陽なので、心筋を縮ませて圧力をかけ、血液を左心室から全身へ、右心室から肺へと押し出します。これが心臓の拍動です。**つまり、血液の塩分濃度が正常に保たれてさえいれば、**

心臓はそう簡単に止まるものではないのです。

ところが、今は減塩、減塩と声高に叫ばれ、ただでさえ多くの人が塩切れ状態に陥っています。そのうえ、化学塩を食べ続けることでミネラル不足に陥って病気になり、病院に行くと追い打ちをかけるように、石油から作られたクスリという名の毒を飲まされます。そして、本当に深刻な病気へと悪化していきます。この簡単な原理が、なかなか皆さんに伝わっていきません。

薬という字は「くさかんむり」に「楽しい」と書きます。この字が示すように、植物から作られたものこそが本当の薬であり、病気を治して体を楽にさせることができます。

化学的に合成された薬は、本当の薬ではありません。ですから、「クスリ」とよくカタカナで表記されます。「クスリ」は反対から読むと「リスク」です。石油から合成されたようなクスリを飲むと、冗談抜きにリスクを背負い込みます。石油を食べていいのは、エンジンだけなのです。

アトピー性皮膚炎はなぜ生まれたか？

アトピー性皮膚炎が現れ始めたのは、１９６２年（昭和37年）生まれの赤ちゃんからです。化学肥料と農薬による薬づけの作物が市場に出回り、厚生省が認可した合成添加物を含んだ、命なき食品群が続々と家庭の食卓の中に入り込んできた時期と、ぴったりと符合します。そうしたものを食べた母親から生まれた赤ちゃんに、初めてアトピーが出始めたのです。それまでは、アトピー性皮膚炎の赤ちゃんなど、ほとんどいませんでした。

アトピー性皮膚炎は、食べものがいかに重要かということを、端的に物語っています。原因は化学肥料や農薬に毒された作物、そして石油化学合成物質です。こうした毒物を体内に取り込んでいくと、体は敏感に反応して毒素を体外に出そうとします。その結果として現れるのがアトピー性皮膚炎です。

ですから、アトピー性皮膚炎は病気ではありません。原因となる毒物を体内に取り込まなければ、つまり食事を正せば、アトピー性皮膚炎は必ず快方に向かいます。それを病気だと思い込み、元から治そうとせずに病院に行ってステロイドのような強い薬を長期にわたって塗り続けたりすると、皮膚は副作用を起こして、さらに症状は悪化し、汗腺がつぶれて汗が出にくくなっていきます。ステロイド薬は百害あって一利なしです。

アトピー性皮膚炎と深く向き合うようになったのは、１９８７年（昭和62年）、アトピー性皮膚炎に苦しむ24歳の女性が、畑に訪ねてきたのがきっかけでした。彼女は歯科衛生士でしたが、幼い頃から20年以上も病院に通い続けているのに、一向に治らないと言います。ここに来れば治してもらえるかもしれないと人に言われ、何とかならないものかと、藁をもつかむような気持で訪ねてきたのでした。

当時は、アトピー性皮膚炎が、どういうものかもよく知りませんでした。それでも、１９８２年（昭和57年）に千島学説（後述の第4章の断食、第5章の6参照）を知って以来、作物が元気に育つ原理と、人が健康でいる原理は、共通点があることを理解できていましたし、自分自身、玄米食と断食を実践することで、元気な体に変わったことも実感していましたから、食事療法を通してアトピー性皮膚炎に対峙してみようと思いました。彼女に確認すると、やってみるという返事です。

それで、食事を根本的に変えました。主食は白米から玄米に、塩は化学塩から沖縄の塩に替えました（当時はまだ「なずなの塩」を作っていませんでした）。味噌はおふくろが麹から作る手作りの味噌、漬け物、梅干し、沢庵もすべて自然海塩を使った手作りのものです。

野菜は、なずな農園で育てた無農薬無化学肥料のものだけを使い、味付けは味噌と塩だけです。こういう食事を徹底して続けてもらうことにしました。もちろん、クスリは一切使いません。

ところが、食事療法を始めて1週間後、彼女に再会した時、思わず震えあがりました。顔中血だらけでかさぶたに覆われ、皮膚がまったく見えません。正直言って、どうしよう、こんなことを引き受けてしまって……とひるみました。

でも、彼女の目を見ると、怯えきっています。今さら逃げるわけにもいきません。それで「1週間に1回、この町にも野菜の配達に来ているから、場所を決めて見せてほしい」と話しました。彼女は真剣な眼差しで頷きました。

2～3週間は変化がありませんでしたが、4週目になると、顔を覆っていたかさぶたが半分に減ってきました。嬉しさのあまり、思わず「治るよ！」と叫んでしまいました。

症状はその後も好転を続け、彼女の肌は3ヵ月後には、見事なまでの美肌に生まれ変わったのです。

アトピー性皮膚炎の原因となる食べもの

この一件が、私の人生を狂わせてしまいました。口コミでこの話が広がっていき、365日、休む間もない人生に変わってしまったのです。

週に1日、百姓仕事を休み、一人30分の予約で相談を受けて、食事指導をするようになりました。食事ノートに記入してもらい、どんな食事をしているかをチェックしました。

間もなく、日本全国から人が訪れてくるようになりました。どこに行っても治らないような人がやってくるわけです。なずなには与えるべきクスリもなければ、肩書も資格もありません。あるのは、百姓一筋の中で確信できたことがらと、なずな農園の作物だけです。

そばに来ただけで悪臭がするような人や、重症の人が数多く訪れてきました。自分は何でこんなことをやっているのだろう……ずっとそう悩み続けていましたが、ある時、パッとひらめきました。無農薬野菜といわれるものは、日本にいっぱいあるけれど、アトピーの人が食べて治るというような野菜はなかなかない。完全無農薬、無化学肥料の農作物の大切さを証明するために、こんなことをやらされているのではないか、そう思ったのです。

食事ノートは貴重なデータとなりました。12年間の食事ノートのチェックで、アトピー性皮膚炎の原因がはっきりと見えてきたのです。

例えば、こんな具合です。

○首から顎にかけて真っ赤な発疹が出る

⬇原因は、小麦粉の中に含まれている化学肥料や農薬

○肘の内側や膝の裏側に発疹が出る

⬇原因は、肉、卵、牛乳の中に含まれる化学肥料や農薬

◯目を中心に周りに発疹が出る

⬇原因は、大豆や米の中に含まれる化学肥料や農薬

◯手首から先と足首から先に発疹が出る

⬇原因は、養殖の魚の中に含まれる毒。これは治りにくい

◯膝から下に発疹が出る

⬇原因は、養殖のエビの中に含まれる毒

こういうアトピー性皮膚炎の元となる毒物が、食事ノートをとおして明らかになってきました。記録したデータは、1万件以上になります。今では顔をみただけで、原因となる毒物がわかりますし、耳の形によって、お腹の中にいた時にお母さんが、どういう食事をとっていたかも、見えるようになってきました。

耳の相は易学では生涯あまり変わらないと言いますが、実は変わります。玄米食を続けていると、だんだん福耳に近づいていきます。本当にいろいろなことを、アトピー性皮膚炎に悩んでいる方、そして、さまざまな病気に苦しんでいる方から教えていた

だきました。

アトピーからの解放に、玄米エネルギー

アトピー性皮膚炎から解放されるためには、まずは完璧に、化学肥料、農薬、石油化学合成物質の含まれた食べものを体に入れないことです。そうすれば、アトピー性皮膚炎は必ず改善できます。なずなでは、そのように指導して、何人もの人がアトピーから解放されました。

現実的には、スーパーで売っているようなものは100%駄目です。厳しい現実ではありますが、「一般に出回っているものは食べ物ではない」という事実を、しっかりと心の中にインプットする必要があります。

アトピー性皮膚炎の人は、牛乳も飲まないでください。牛乳のほとんどは薬づけの輸入飼料を食べていますので、夏になると、牛乳そのものがアトピーになっています。草だけ食べている牛の牛乳ならば大丈夫ですが、牛乳のカルシウムは人体にはほとん

ど吸収されないそうです。

一方、ゴマや植物が作り出したカルシウムは、100%吸収されます。ゴマは小さな粒の半分がカルシウムで、残りの半分が油分という、素晴らしい食べ物です。とはいえ、そのゴマも輸入品が多く、やはり農薬と化学肥料まみれです。

今はすべて手作りしないと、あるいは手作りしたものだけを選んで入手しないと、安全なものが手に入らない時代です。お金で何もかもが買える時代では、もはやありません。厳密に言えば、肉も安心して食べられるのはイノシシかシカのような野生の肉だけです。魚は天然のものだけです。

お子さんがアトピー性皮膚炎で悩んでいらっしゃる方は、意を決して食生活を変えてください。これは思っているほど難しいことではありません。主食は玄米ですが、これについては後述します。

アトピーが出ている時は、子供でも玄米を山ほど食べます。体が命のエネルギーを求めているからでしょう。アトピーが消えていくとともに、食事の量は減っていきます。

第2章　生きものに命を与えるミネラルの力

生きている土の本来の姿

なずな農園の畑の土は、農薬も化学肥料も一切使わず、自然のものだけを循環させて、じっくりと熟成させています。土はふんわりと柔らかく、極上の絨毯の上を歩いているようです。畑にいると元気になります。生きている土とは、本来そういうものなのです。

完全無農薬、無化学肥料の田んぼの中に入ったら、傷などすぐに治ります。無農薬、無化学肥料の田んぼの中は、海水と同じような状態だからです。このような田んぼの中にいると、やはり元気になります。

これからご紹介する、土と草と虫や菌の説明は、基本的には自著の『ニンジンから宇宙へ』(（株）なずなワールド）で記させていただいた内容と同じものです。したがって、要点だけをまとめた簡単な記述にとどめますが、循環と陰陽の法則をご理解いただくうえでは欠かせない真実ですし、循環農法の基本となることがらですので、あえてここで繰り返させていただきたいと思います。

草が土を豊かなものにしてくれる

化学肥料を使わない農業を追求していく過程の中で、まず最初に気づいたのは、「雑草」などというものは存在しない、という事実でした。畑に限らず土のある所には、草が生えてきます。実はこの草こそ、土の質を向上させてくれる「神草」だったのです。

やせた畑にはチガヤやススキが生えてきます。チガヤもススキも、冬に枯れて土の中で分解されていく過程で、その土地に不足しているミネラルを補給してくれているのです。

そして、その土に生えてくる草は、年を追うごとに変化していきます。最終的にオオイヌノフグリ、カラスノエンドウ、ハコベ、ナズナが、1m以上に勢いよく育つようになると、その土はミネラルを多く含んだ、最上の状態になったことを表し、何でも育つ土になっています。こうなると、土本来の循環が始まり、収穫した量だけの堆肥を入れてやれば、作物が順調に育つようになります。もちろん、そこにできた草は持ち出さずに常にその場の土に入れ込んでいきます。

草が土作りの基本なのです。この草を活用しないことには、いい土はできません。いくら熟成の進んだ完熟堆肥を土に入れても、それだけではどうしてもいい土にはなりません。

なずな農園では、畑に生えた草は春まで伸ばしっぱなしにし、しっかりと種をつけてから刈り込んで粉砕し、充分に乾燥させてから土にすき込みます。

それから2ヵ月すると、土の中に住んでいる微生物の働きで、草が完全に分解されます。乾燥させてからすき込むのは、生の草を入れると土の中で溶けてしまうからです。すべての植物には酵母がついているので、生の状態で入れると酵母が食べてしまうのです。日に干さないで漬け物を作ろうとすると、酵母の働きで溶けてしまうのと同じ原理です。

そうして、草が完全に分解された時点で、完熟堆肥を混ぜ込み、種まきをします。

草が生え変わり土に還る循環が、生きた土を作る

生えてくる草は、土の変化にともなって変わります。なずなでは、ニンジンを同じ畑に植え続けると、8年目くらいで土がカルシウム欠乏を起こすのでしょう。それまでハコベやナズナなどがいっぱい生えていたのが、一転してイネ科の草に生え変わります。

その場合、なずなではスイカを植えます。スイカを収穫した後は、敷き草として厚く敷きつめていたススキを全部、土にすき込んでやります。こうすることで、1年でカルシウム不足が解消し、生えてくる草は再びハコベやナズナに変わります。

このように、草は生え変わって土に還っていくという循環を繰り返すことで、土にミネラルを補給してくれて、エネルギーのある野菜ができるのです。この事実を見つけるのに12年かかりました。

きっかけは、ある先生の指導のもと、化学肥料による土作りと、土の分析に没頭し

ていた時に起こりました。いくら試行錯誤を重ねても、どうしても理想とする土の分析が出ず、作物には病気が発生してしまいます。

ある年、ススキを刈って、2年ほど野積みにしていた草だけの堆肥を、畑の土に混ぜて、そこにピーマンの苗を植えたところ、見事に実りました。この土を先生に送って分析してもらったところ、先生の理想とする土の分析値にぴったりと当てはまったのです。

このことが、無農薬、無化学肥料栽培へと方向転換させることになりました。近代化学農法の分析によって、皮肉にも化学肥料など、まったく必要ないという結論が出てしまったのです。

しかし、こんなありがたい「神草」を、世間どころか農業界までもが雑草や害草呼ばわりし、除草剤を使って根こそぎ駆除しようとしています。そして草だけでなく昆虫や微生物まで抹殺し、土から命を奪い取るという暴挙を続けているのです。本当に嘆かわしいばかりです。

世間で嫌われもののスギナは、ケイ酸カルシウムを豊富に作り出してくれる草であり、乾燥した時には、体内に7割ものケイ酸カルシウムを貯め込んでいます。竹は40

種類以上のミネラルを作り出すことができ、カルシウム分がきわめて少ない土壌に生えてきます。

循環の主役を担っている大切な菌

雑草が存在しないのと同じように、バイ菌などというものも、この世には存在しません。化学肥料によって根が死んでしまうと、やがて葉の細胞も死に始めます。その死んだ細胞を食べてくれるために、菌が発生します。菌は健康な細胞は決して食べません。

ところが、それを見て「バイ菌」が発生したから、病気が出たと勘違いをし、せっかく死んだ細胞を食べてくれている「神菌」に、農薬をかけて殺しているのです。当然ながら、どんな農薬をかけたところで、根が死んでいるわけですから、状態は一向に良くはなりません。

菌は、死んだ細胞を分解して、土に戻すという自分の役割を果たしているだけです。

死んだ細胞を食べて、土に戻す菌の仕事がなければ、循環がなくなって世界は死んだ細胞だらけになります。

一時期、大きな話題になった口蹄疫も、原因はすべて食べものにあると思っています。牛には草と塩だけを与えておけばいいものを、いろいろなタンパク質を過剰摂取させたために、カルシウム欠乏が起き、口や爪の細胞の一部が死んでしまいます。

その死んだ細胞に、菌が自然発生しているだけなのに、口蹄疫などという名前をつけ、法律を作って牛を殺してしまうという愚行を行っているのです。余計なものさえ食べさせなければ、こんなことにはなりません。

「バイ菌」と呼ばれる菌などなく、その場その時に必要な菌が発生するのです。大気中に存在する炭素や窒素に光と水が加わると、菌が自然発生します。菌ができたからこそ、植物や動物が生まれてきたのであり、菌があるからこそ、循環の法則が成立するのです。

今の人は、異常なまでに清潔を好み、自然発生した菌を「バイ菌」と呼んで、殺菌剤を至るところにばら撒いています。菌が発生するのは、そこに必要とされていたからです。きちんと原因と使命があるから、生まれているのです。

「バイ菌」と忌み嫌う菌が、体にも生きものにも、この宇宙にも、どんなに必要なものであるかを知ってください。

野菜の毒を食べて死んでいく虫の役割

畑に育つ草の大切さ、自然発生する菌の役割と大切さに続いて、最後に気がついたのは、「害虫」などという虫も、存在しないという事実です。

ある年の冬、同じ条件で完熟堆肥を使って育てていた、２枚の畑の白菜のうち、一方には虫が湧いたのに、もう一方にはほとんどつかないという奇妙な現象が起こりました。原因は皆目わかりません。毎日畑に座り込んでは、なぜなのかと考えました。そんな時、「宮崎県と北海道で亜硝酸の害で乳牛死亡」という農業新聞の見出しが目に飛び込んできて、ハッとしました。

土の分析に熱中していた際に、この亜硝酸態窒素の害については、みっちりと叩き込まれていました。それで、待てよ？　と思って畑に駆けつけてみると、生の豚糞の堆肥を畑に積んでビニールをかけていたのが、いつの間にかカラスに突つかれて破られ、辺りにアンモニア臭が漂っていました。そして、このアンモニア臭の漂う畑の周辺に、虫が発生していたのです。

すぐに本屋に駆け込んで調べると、いわゆる害虫と呼ばれる虫は、アンモニア臭によって集まってくることがわかりました。しかも、地上2mくらいの間を移動していくそうです。急いで畑に戻って豚糞にビニールを3重にかけて、アンモニア臭が出ないようにしたら、案の定、虫は2週間でいなくなりました。そして、虫に食われてボロボロになっていた白菜も、もう一方の畑とは1ヵ月遅れで、きれいに巻き上がりました。そこで閃くように気づいたのが、虫の役割です。

虫（野菜を食べる、視力の弱い蛾の幼虫）は、1週間に一度ずつ脱皮して、それを4回繰り返し、28日間で成虫になります。一方、未熟堆肥に含まれるアンモニア態窒素は、1ヵ月ほどかかって猛毒の亜硝酸塩に変化していきます。この毒が作物の体内に入った頃、虫はちょうど四齢期の成虫となり、すごい勢いで葉を食べつくし、糞にして土に還してくれていたのです。そして糞は土の中で菌たちによって発酵分解され、肥料となっていきます。

猛毒を人の代わりに食べてくれた虫たちは、さなぎになることができません。人を猛毒から守るという役目だけを終えて、そのまま死んでしまうのです。子孫を遺せる虫は、健康な野菜を少しばかり食べますが、それはあくまで必要最低限の量です。わずか下葉の数枚だけを食べて命をつなぎ、さなぎから蛾となっては交尾して子孫を遺していきます。

そうです、虫は害虫などではなく、私たちの命の恩人である「神虫」だったのです。何と素晴らしい自然の仕組みでしょう！　毒殺して良い虫など、いないのです。

「虫食い野菜は安全」という誤解

では、虫食い野菜はどうでしょうか。世の中のほとんどの人は、虫が食べているのは無農薬の安全な野菜の証拠だと思い込んでいます。**しかし、事実はまったく逆です。未熟堆肥を使ったり、化学肥料を使った野菜、そしてまた旬でない野菜に、虫がつくのです。**

白菜の一件で、虫は「神虫」であると気づいたことで、その翌年、さらに確信を得るために実験をしてみました。トマト、キュウリ、ナス、ピーマンを１０００本単位で植えた際、それぞれ1株だけ、アンモニア臭のする未熟堆肥を土に埋め込んでみたのです。結果は予想どおりで、その株のところだけ虫がつきました。

子供の頃に、蚕を飼っていた時のことを思い出しました。蚕に生の下肥や硫酸アンモニアをかけた桑の葉を食べさせると、すべて繭になる前に死んでしまいました。毒のある葉を食べてくれた虫たちは、そうして人を毒から守ってくれながら死んでいくのです。何というありがたい存在でしょうか。

繰り返しますが、虫食い野菜は無農薬の証では、決してありません。

「79対21」という分解と発酵の法則

講演で全国を回る中で、堆肥を使うから駄目だ、自然農法でなければ、と言われる方がいます。どうして駄目なのかと聞いてみると、堆肥に使っている豚糞には、餌の中に抗生物質をはじめとする薬が入っているから、無農薬ではないと言われるのです。

完熟堆肥へと発酵が進む過程で、発酵熱が70〜80℃くらいになります。この好気発酵によって化学物質は分解され、完熟堆肥となった時には化学物質は出てきません。これは分析データで明らかになっていますが、発酵がいかに素晴らしい力を持っているかという一つの証でもあります。

分解と発酵の基本は「79対21」です。この「79対21」というのは、分解と発酵のすべてに通じる宇宙の法則です。**完熟堆肥を作る際には、炭素（C）と窒素（N）を79対21の割合で混ぜ合わせます。そこに水分100％という条件が加わって、最高の分解と発酵が始まります。**

炭素として使用するのは、その畑に生えた草を刈り取り、乾燥させたものを細かく切り刻んだものです。窒素として、なずな農園が使っているのは、豚糞やヌカです。

この分解と発酵の過程で、アンモニア態窒素は、亜硝酸態窒素を経て硝酸態窒素へと変化していき、ここまで発酵が進むと完熟堆肥となります。この完熟堆肥で育てた野菜は甘く、安全無害なものとなります。大事なことは、このような完熟堆肥を作ることです。

完熟堆肥ができるまで

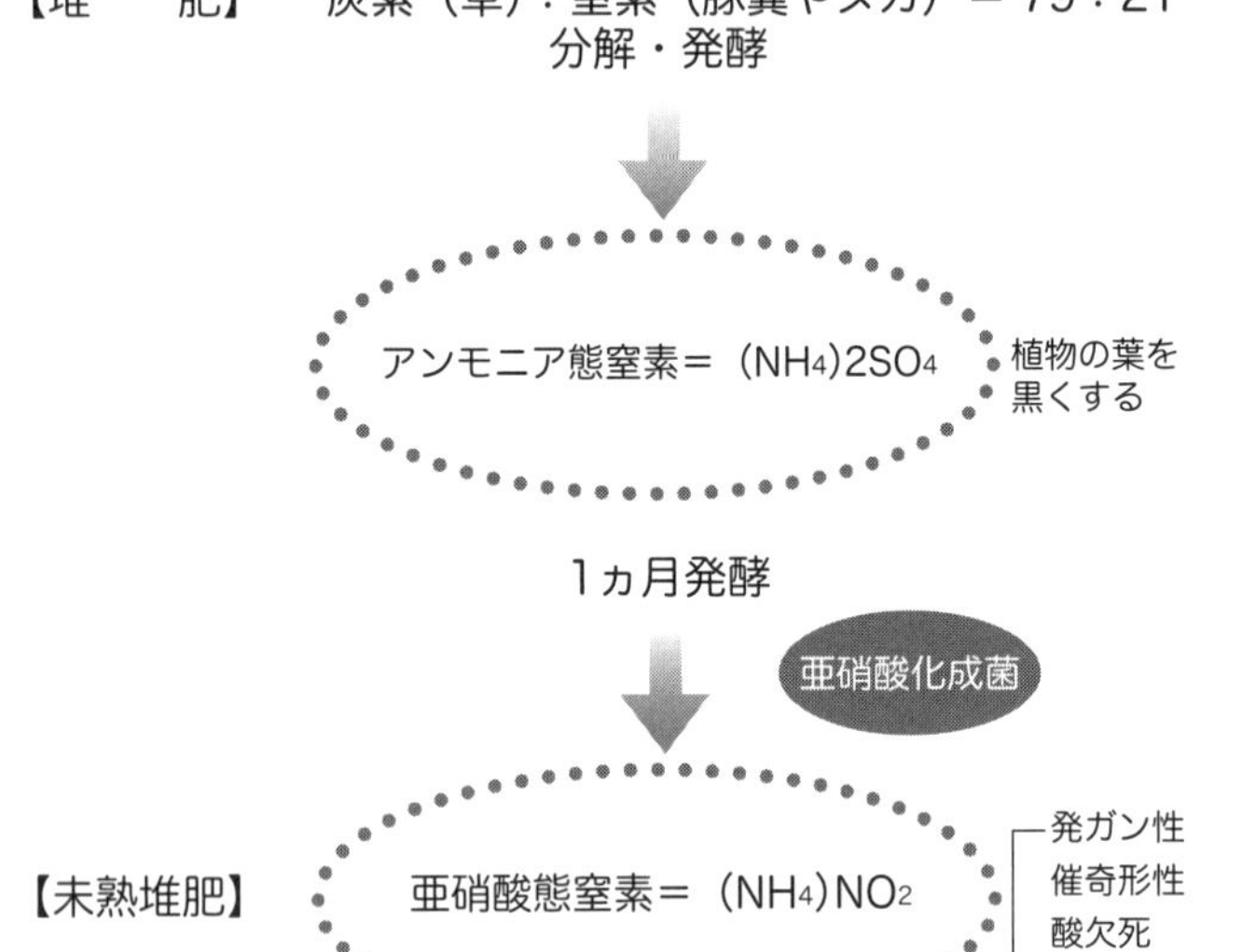

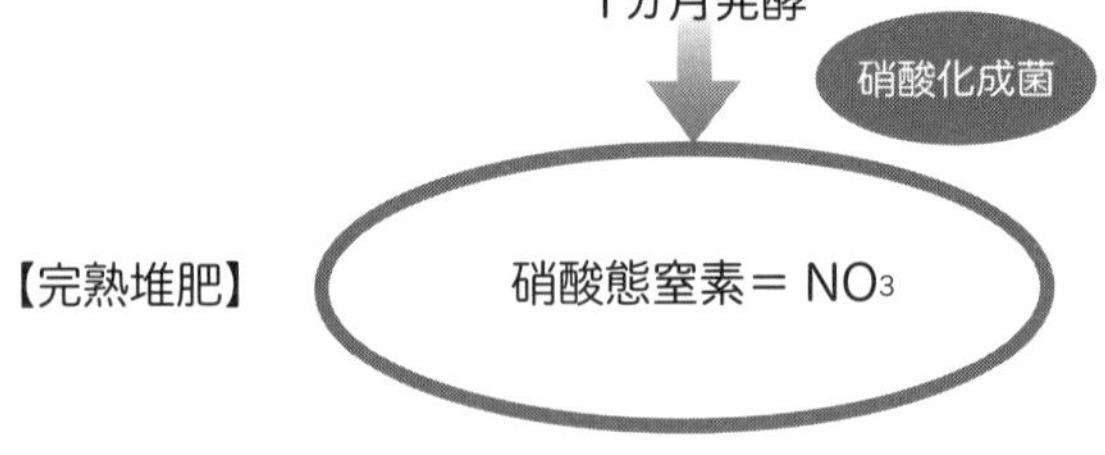

$(NH_4)2SO_4$ の中の「S」は硫黄で、これが植物の葉を黒くします。化学肥料でアンモニアを与えた野菜の葉が黒々と茂ったのを農家の人が見て、窒素が効いて喜んだというのが悲しい現実です。亜硝酸態窒素は猛毒ですが、炭素と窒素が「79 対 21」の割合であれば、硝酸化成菌の働きによって約 1 ヵ月で完熟堆肥へと発酵が進んでいきます。

ところが今、79対21という発酵原理が忘れられてしまっています。国が定めた窒素分の値は45％となっていますから、これでは窒素分が多過ぎて、亜硝酸態窒素のまま発酵が進まず、未熟堆肥となってしまいます。この亜硝酸態窒素というのは、発ガン性と催奇形性を持った猛毒で、野菜を苦くします。前述したように、未熟堆肥で育った野菜に虫が集まるのは、植物体内に入った亜硝酸態窒素の猛毒を人に代わって虫が食べてくれているからです。

なずなの会の会員の皆さんから、少し虫が食べている野菜が届いた際に、食べても大丈夫ですか、というお電話をいただくことがあります。これは亜硝酸を含んでいるから虫が食べたのではなく、旬の終わりを虫が教えてくれているのです。旬を過ぎると虫が出てきますので、そろそろ野菜を土に還す時期なのだということがわかります。

主食と副食の割合も「79対21」が理想

この「79対21」という分解と発酵の法則は、食べたものが消化される際にも働きます。つまり、主食と副食の割合も本当はこれがベストだということです。この割合で食べると、そうそう病気になるものではありません。ところが、今の食生活のパターンでは、この割合が逆転し、多くの人が副食ばかりを多く食べています。さらには炭水化物が悪者にされ、糖質制限が正しい食事法であるかのように誤ってアピールされているありさまです。

副食ばかりを食べていると、たんぱく質過剰になります。たんぱく質は窒素ですから窒素過多になり、窒素とカルシウムが拮抗現象を起こして、結果的にカルシウム欠乏になっていきます。カルシウムが欠乏すると細胞膜が壊れて細胞が死に、それを食べるために菌が自然発生します。それが、さまざまな病気の原因となっているのです。

摂るべき栄養は、主食の玄米、無農薬・無化学肥料栽培の野菜、自然海塩を使った、味噌、醤油、梅干し、漬け物などの発酵食品でほとんど足ります。病気の方は特にそういう食事に変えることが必要となります。「79対21」という宇宙の法則にのっとった食事を、どうぞ心がけてください。

本来の水田は何も必要としない

水の循環と塩の謎が解けた時、循環農法による稲作がようやく完成しました。1998年（平成10年）のことでした。

稲は同じところで、何千年も栽培し続けているのに、ミネラル不足が起きていないのです。それはなぜなのでしょう？　水に溶けたミネラルが水田に流れ込んでいたからです。ミネラル不足を引き起こしたのは、戦後に広まった化学肥料です。

化学肥料の投入によって、稲の根が死ぬようになり、病気が発生し始めたのです。その病気を防ごうと、次には農薬を使い始めます。こうして、日本の田んぼの土質は加速度的に悪化していったのです。

農業高校に通っていた時、「キュウリとかナスを1年おきに稲と交代に田んぼに植えれば、野菜はよくできる」と教わりました。稲を植え、水を溜めることによって、バイ菌も害虫も死ぬからだと言うのです。これはまったくの嘘でした。答えは、水の循環によって供給されるミネラルにあったのです。

その事実に気づいたことで、稲ワラを返せば、後は何もしなくていいという仮説を立てました。そして実際にそれを実行してみたところ、米がいっぱいできました。田んぼは稲ワラと草と水以外、一切何も必要としていなかったのです。

収穫の際に、コンバインで刈った稲ワラは、カットしてそのまま冬を通して田んぼの中に置いておきます。春になると田んぼに草が生えてきます。この草は決して刈り取ったりせず、5月になって花が咲いて種ができるまで育てます。その田んぼにとって必要な草が生えてくるからです。そして、田植えの1ヵ月前にトラクターをかけて、稲ワラと草を土の中にすき込みます。

こうして田んぼからは何も持ち出すことなく、すべてを循環させることで、土が豊かになっていきます。米を作る農家の人は、たいてい冬の間にトラクターで田んぼを一生懸命に耕していますが、真実を知ってほしいですね。

そして最後に、雨が山の落ち葉や草地を潜ることで、**ミネラルを豊富に含んだ水が川へとながれ、田んぼの中へと導きます。この水がミネラルの供給源ですから、収穫の20日ぐらい前まで、ずっと田んぼに入れたままにしておきます。そのミネラルを吸**

収しながら、稲の葉は光合成によって、ビタミンとデンプンを作り出し、それを米粒の中へと蓄えていきます。こうして、エネルギーに満ちた米が育っていきます。

ところが化学肥料を与えてしまうと、化学肥料は陰性ですから、稲が柔らかくなって倒れやすくなります。しかも根の発育が悪くなるので、米の力も弱くなってしまいます。さらには、化学肥料や農薬から発生したダイオキシンが、米の中へと浸透していきます。

そんな米が市場に流通しているのです。おまけに精米された白米ですから、気もない命無き米です。人を健康にする食べものではないことに、何とか気づいてほしいですね。

田んぼに恵みをもたらすジャンボタニシ

5年前から、なずな農園の田んぼにジャンボタニシ（スクミリンゴガイ）が湧くようになりました。ジャンボタニシは、稲を食い荒らす害虫だとされ、農協はこれを駆除するための農薬を積極的に販売しています。しかし、これもまた、自然の摂理を見つめようともしない具体例のひとつです。

ジャンボタニシは、田んぼの草を食べて糞を出します。稲はその養分を吸収するので、何の害もなく、よりいっそう元気に育ちます。ジャンボタニシが入るまでは、20アールの田んぼでモミ袋が25袋ぐらいの出来でしたが、今では40袋も取れるようになりました。

みんなは、稲を食べると思ってジャンボタニシを怖がりますが、芽が出てから20日程度の小さい稲を植えるから食べられてしまうのです。この時点での稲はまだ柔らかいので、ジャンボタニシが茎を登っていくと、倒れて水の中に浸かります。ジャンボタニシが食べることのできるのは、この水に浸かった稲（および草）だけです。水の上に立っている茎を食べることはできないのです。

そのため、なずな農園では、**芽が出てから40日以上経った大きめの苗しか植えていません。この時点では、茎も太く強くなっているので、ジャンボタニシが登っても倒れることはありません。ですから害は一切ないどころか、田んぼに生える草を食べてくれます。**おかげで、草取りをしなくてもよくなりました。おまけに、ジャンボタニシの生態さえ理解できれば、稲作にとって、これほどありがたい生きものはありません。

ジャンボタニシは、冬になると土の中に入って越冬します。なずな農園では、冬に田んぼを耕すことはしないので、生き残れるのです。稲の株や水路の側壁などに見られる赤い卵は、ジャンボタニシの卵です。

第3章　陰と陽、宇宙の法則

陰陽との出会い

１９８６年（昭和61年）に、「なずなの会」を発足後、週２日、大分市や別府市などの会員さんたちに、野菜をトラックで配達していました。無農薬、無化学肥料での野菜栽培が何とかうまくできるようになり、そのうえ、アトピー性皮膚炎に悩んでいる女性との出会いから、無農薬、無化学肥料の農作物のすばらしさ、そして、その時季その時季になると収穫でき、いただける旬の野菜への有り難さ、食の大切さを、月１回『なずな新聞』を発行して、会員さんたちに伝え始めました。

ある朝、配達に回っていると、新しく会員になられた方から、ナス、キュウリ、ピーマンは陰性だから要りません、と断られました。陰性って何のことですか？と尋ねると、陰性について書いてある雑誌を持ってきて、これを読むようにと言われました。でも、旬のものが悪いと言われてムカついている時に、さらに、桜沢如一（さくらざわゆきかず）という人が説いた陰陽を学ぶように言われたものですから、旬のものが悪いなどという人の本など見るか！　と突き返しました。世の中には、そんなことを書く変なやつがいるものだと思っていましたし、陰陽という言葉を聞くだけで胸くそが悪くなっていました。

それから10年ぐらい経ったでしょうか。ちょうど忰山紀一（かせやまきいち）さんの本を『よみがえる千島学説』というタイトルで復刻版として（株）なずなワールドから出版した頃で、それを読まれた『みっつめの目』の著者である兎龍都（うだつみやこ）さんから、その本が忰山氏を通して送られてきました。何気なく読み始めると、変な人と思っていた桜沢という人のことを書いた本でした。

読み進むうちに、どんどん引き込まれ、この人のことを嫌う前に、もっと知らなければと思いました。そして、東京に講演に呼ばれた折に、桜沢先生創設の日本ＣＩ協会を訪ね、桜沢先生が書かれた本をあるだけ（全部で22冊だったでしょうか）買って帰り、貪るように読みました。

その本には、陰だから悪い、とか、陽が良いなどとはどこにも書いていませんでした。また、一度指導した食事の摂り方を、10年も15年も続けるバカがいるとも書いてあり、当時、千島学説（後述の第4章の断食、第5章の6参照）と塩と旬の野菜、玄米中心の食事指導を天からやらされていました（やっていたというのとは、違うのですよね）から、桜沢先生のおっしゃることが、砂に染み入る水のように入ってきました。

自分なりに掴んでいた、大宇宙の循環を説明するのに、陰陽論は素晴らしいものでした。先生は陰陽論を魔法のメガネとおっしゃっていましたが、その通りであることを畑の中で確認できたのです。

陰陽を唱えた人たち

陰陽の原理を初めて唱えたのは、今から5000年も前、中国の伏義（ふっき）という人です。昼と夜、夏と冬、男と女、動物と植物というように、彼はこの世の中のすべてのものは、反対のものが対になって存在していることに気づきました。それが陰と陽であり、その原理のすべてを「易経（えききょう）」という文章にまとめました。

しかし、この文章はきわめて難解で奥が深く、これまで数千年にわたって研究が続けられてきましたが、本当にこの「易経」を理解して真実を見抜くことができたのは、老子と西遊記の作者である呉承恩の二人しかいないと言われています。

そんな中、この原理をよりわかりやすく、ひもといた人が19世紀末に日本に現れました。思想家でありマクロビオティックの提唱者として、世界的に有名な桜沢如一先生です。先生は陰陽の本質を「七つの法則と十二の定理」に現代風に解説し、誰もが納得できるようにしました。

大分県にも、独自の陰陽論を唱えた学者がいました。八代将軍吉宗の頃、大分県の国東半島に、豊後聖人（豊後とは大分県のこと）と呼ばれた、三浦晋（梅園）というとてつもない大学者がおられ、陰陽を説かれていたのです。梅園先生はすべてを現場と体験をもとに説かれていました。自分の辿り着いた陰陽は、中国から来たものではないと、こざとへんを取り、侌、昜の字を使って陰陽を説明されています。

桜沢先生は、三浦梅園先生のことはご存知なかったのでしょう。桜沢先生の本のどこにも梅園先生のことが一行もないのは、ちょっと寂しい思いがします。梅園先生のご自宅と隣接して三浦梅園記念館があります。四度出かけましたが、計り知れない学びがあります。

◆陰陽の本質【七つの法則】

一　表があるものには裏がある

二　始めがあるものは終わりがある

三　この世に同じものは何一つない

四　表が大きければ裏も大きい

五　対立する総てのものは相補的である（例　表と裏、始めと終わり、幸福と不幸）

六　総てのものは変化する

七　陰と陽は一つの無限（太極、虚空、永遠、絶対、神）から生まれるもので、二本の腕（分化）のようなものである

◆陰陽の本質【十二の定理】

一　一つの無限、すなわち対極、虚空、永遠、絶対から永遠に変化する相補的、対立的な陰と陽が生まれてくる

二　陰陽は一つの無限から限りなく生まれ出て、分かれ（分極）、お互いに往来して盛んに活動して、再び無限の中へ帰り消えていく

三　陽は求心、圧縮の性質を持ち、陰は遠心、拡散の性質を持っている。陰と陽は反対の性質を持っている

四　陰は陽を引き付け、陽は陰を引き付ける

五　総てのものや現象（森羅万象）は、異なる比率の陰と陽によって構成される

六　総てのものや現象（森羅万象）は、絶え間なく陰と陽の構成を変えながら、釣合いを取りながら動き続けている

七　絶対の陰や陽は存在しない。総ては相対的であり、程度の差があるが両性を合わせ持っている

八　中性は存在しない。必ず陰か陽かが多くなっている

九　総てのものや現象（森羅万象）の引力や親和力は、それぞれの陰陽の量の差に比例する

十　同じ性質のもの陰と陰、陽と陽どうしは排斥する。それらの排斥力はそれぞれの陰陽の力の差に逆比例する

十一　陰も陽も極限に達すると逆のものを生じる。陰は陽を、陽は陰を生じる
十二　総てのものの中心は陽であり、表面、外側は陰である
（「七つの法則」、「十二の定理」は、兎龍 都著『みっつめの目』より引用させて頂きました）

陰とは？　陽とは？

まずは、陰と陽を比較した次の図をご覧ください。

宇宙と地球について見てみましょう。宇宙空間は陰で、地球は陽です。地球は自転しながら太陽の周りを公転していますが、その外に向かって回る力（遠心力）と、中心へと向かって集まる力（求心力）がバランスよく働くことで、地球は宇宙空間に浮かびながら、自転と公転を続けています。この遠心力によって外に広がっていく力が「陰」、そして求心力によって、中へと縮んでいく力が（陽）です。

虹を美しく彩る光の七色も、陰陽で説明することができます。赤は光の中心となって燃える、もっとも陽の波長であり、赤の反対側に位置する紫は、宇宙空間へ溶け込

む陰の波長です。また、地球そのものは陽ですが、その中でも緯度によって極陰から極陽へと変化していきます。

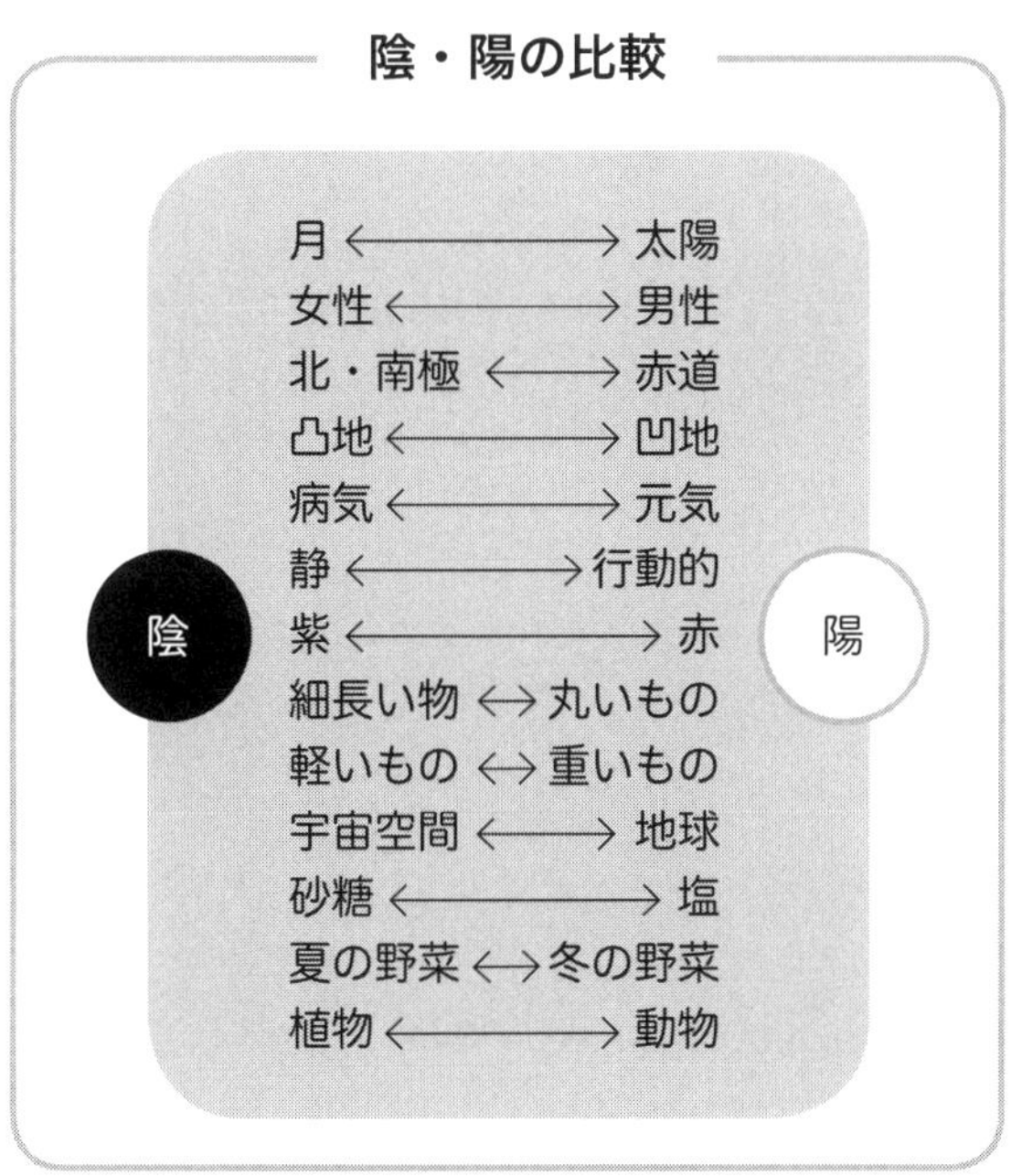

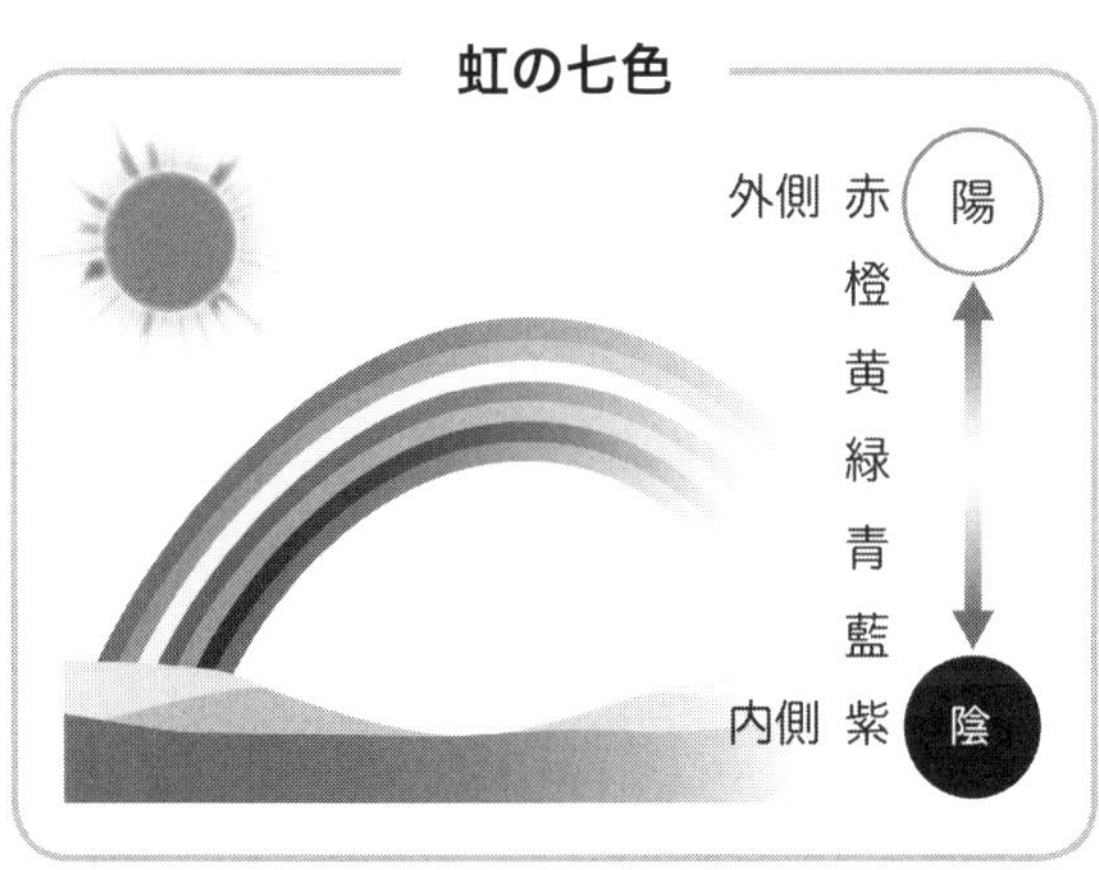

植物に見る陰と陽

身近な植物で陰陽を見てみましょう。まず種子から出てくる根が陽で、芽や葉が陰です。

太陽は陽なので、陰である葉は陽を求めて太陽に向かって伸びていきますが、陽である根は、背光性という性質を持っているので、光を嫌って地中へと伸びていきます。根と光は同じ性質ですから、植物も人と同じで、自分と同じものより、自分にないものに惹かれるわけですね。根のものであるダイコンやニンジンは陽であり、これよりなお深く地中へと潜っていくゴボウは、さらに陽の強い作物になります。

逆に、地表を境に地上へと伸びていく植物はすべて陰です。地面に繁る草は、地表に近いから、陰でも陽に近い陰。反対に、地表を離れて地上高く伸びていく植物ほど、陰の性質が強くなります。竹やアサガオなどツル性の植物のように、一夜に何センチも伸びるものは、極めつけの陰、つまり極陰の植物です。

ダイコンとニンジンでは、どちらが陽の性質が強いでしょうか？

いきなりの質問なので、少し難しいかもしれませんね。では、両者の色を見てください。

ダイコンは白、ニンジン赤です。ニンジンはダイコンよりも硬く、色は陽を示す赤ですから、ニンジンのほうが陽です。

同じダイコンでも、青首ダイコンと白首ダイコンでは、どちらが陽でしょうか？

青は陰性です。したがって、白首のほうが陽性が強いということになります。干しダイコンを作る際、ダイコンを畑から引いて干した夜に寒波が来たら、寒さで全体がろうそく状に凍ります。陽の強い白首ダイコンは元に戻りますが、青首ダイコンは寒さに耐えきれずに細胞が壊れてしまいます。

ですから、青首ダイコンを干しダイコンにする時は、その夜に寒波が来そうだという天気予報が出ていたならば干してはいけません。日陰に置いてむしろかけておき、日が出てから干すようにします。それを4～5日繰り返すと、だんだん柔らかくなっていきます。そうして水分が抜けることで、青首自体の陽が強くなり、凍っても細胞が壊れにくくなります。白首はそのまま干しても大丈夫です。

旬の野菜を食べる本当の意味

ハウス栽培による、大量生産が一般的になってしまった今、「旬」の野菜にこだわっている人はどれほどいるでしょうか。

ハウス内の温度調節をすることで、春夏野菜を寒い季節でも収穫が可能になって、1年中、トマトやキュウリ、ナスなどの夏野菜がスーパーで販売されています。これは、季節に関係なく野菜を大量生産することで、農家の利益を増やす目的で実施されてきました。

また、**ハウス栽培の野菜は、化学肥料と農薬づけです。ハウスの中は高温多湿と化学肥料づけのため、土が病み、病気の巣になりますから、殺菌剤、殺虫剤、燻蒸剤を多量に使用するようになります。これによって昆虫や微生物など、土の中の生きものは抹殺され、死んだ土になってしまいます。死んだ土からは、生きた元気な作物は育ちません。そんな野菜が市場に出回っているのです。**

では、ハウス栽培ではない、露地栽培による旬の野菜とはどんなものでしょうか。キュウリやトマトは、太陽の光を求めてグングン伸びていきます。日当たりの悪いところに植えると、葉と葉の間（節間）が異常に伸び、葉を広げて少しでも多くの光を受けようとやっきになります。

夏は光と高温、つまり陰陽の陽が強いので、地表より上に伸びていく野菜、ピーマン、トマト、ナス、キュウリなどの陰の強い作物が旬となります。つまり、春先から夏口にかけて盛んに伸びていく果菜類は、すべて陰性であり、カリウムを多く含んでいます。

このカリウムを多く含んだ陰性の果菜類は、暑さから体を冷やしてくれる役目を持っています。体温を下げ、ビタミンの働きによって、暑い夏に耐えていけるように私たちを守ってくれるのです。

極陽である、赤道を中心とした熱帯地域では、ヤシの実、バナナ、マンゴー、パイナップルといった甘い果物がいっぱいできます。これらはすべてきわめて陰性の強い果物であり、熱帯地域に住む、陽性の肉体の人たちの体を冷やして、バランスをとってくれます。

反対に冬は、寒さに対応できるように、ニンジン、ゴボウ、ダイコンなどの陽の気の強い、体を温める作物が旬となります。夏にできるものが水分を多く含み、生で食べるものが多いのに対し、冬の作物は火を使ったほうが美味しいです。煮たり炒めたりすることで熱（陽）を加え、調味料に自然海塩（陽）を使って、陽を一段と強くしたものを食べれば、寒い冬を元気に過ごすことができるのです。

冬野菜であるほうれん草は、光が強くなるとできにくくなります。ほうれん草にもっとも適した光の強さは、2万～3万ルクスであり、ほうれん草が一番美味しくなるのは1～2月です。冬の極陰の時に、陽の強いほうれん草が旬を迎えるわけです。

この時期のほうれん草は、地面にべったりと這いつくばっています（陽）。1～2月が旬のほうれん草は、シンプルなおひたしで充分に美味しいものです。これが3月に入って少し暖かくなってくると、ほうれん草自体もやや陰性を帯びるようになって、葉が立ち上がっていきます（陰）。こうなると、ほうれん草を調理する際に油炒めにしたり、卵とじにしたりして、陽を加えると美味しくなります。

このように、陰陽がわかると美味しく調理することができます。

光が当たると実が青くなるのは陰性の作物

夏が極陽で、冬は極陰ですが、春と秋は中庸となります。中庸である春の旬は、葉物、菜の花、ワラビ、筍など、新芽を中心としたビタミンとミネラルをたくさん含んだ作物です。冬場に不足していたミネラルを補給することで、夏の暑さに立ち向かう元気な体を作ることができます。

春と同様、秋もまた引用が中立の時期です。暑い夏に太陽のエネルギーをたっぷりと蓄えて稲が米を作るように、秋に収穫を迎えるのは、デンプンを豊富に含んだ作物です。米もイモ類も、みんなデンプンをたっぷり含んでいます。光の量でいうと、米は18万〜22万ルクスという強い光を必要とします。

この光のエネルギーと原子転換（後述の「原子転換」参照）によって作られたデンプンが、私たちの体温を作り、すべての活動エネルギーの元となります。

では、同じ陰の作物であるジャガイモとサツマイモでは、どちらのほうが陽性が強いでしょうか？

ジャガイモは、光に当たると青くなります。ジャガイモの実は茎が変形したものなので、光が当たると青くなるのです。一方、サツマイモは根が肥大したものであり、光に当たると赤黒くなります。ですから、サツマイモのほうが陽性です。このように、光が当たって青くなるものも陰性であると覚えておいてください。

ジャガイモは、カリウムを非常に多く含んでいるので、体を冷やします。ですから、肉ジャガにしていただくのは陰陽に適っています。ちなみに、熱を加えたジャガイモに塩を振りかけると、中庸に変わって美味しくなります。

夏野菜のトマト、ナス、ピーマン、キュウリ、スイカなども、陽である塩と一緒に食べると、たいへん美味しく食べられます。だいたい塩をかけて美味しくなるのは、陰の食べものだと思っていいでしょう。

陰陽を無視したハウス栽培

先ほど、熱帯地域では、陰性の強い甘い果物ができると説明しましたが、北極や南極の極陰のエリアでは、果物はできません。北に行くほど果物が育たなくなり、最後には苔だけが残ります。

日本列島で見てみると、福島あたりまでが甘柿のできる北限です。そこから北になると、すべて渋柿になります。その理由は「渋み＝陽」だからで、寒さに対して渋さで対応しているからです。渋い、にがいといった味の陰陽は、図のとおりです。このように、味にもすべて陰陽による裏づけがありま

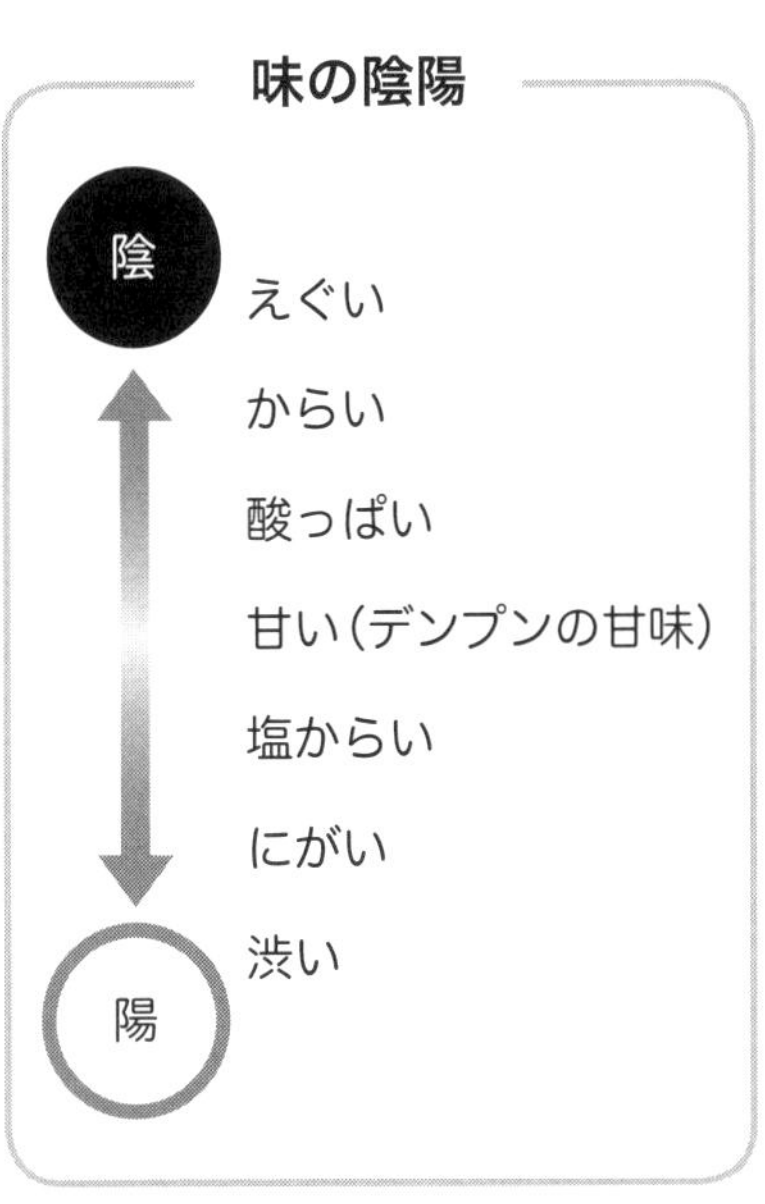

す。

旬でない野菜は、決して体を元気にはしてくれません。季節を度外視したハウス栽培の野菜にはエネルギーがなく、化学肥料や農薬づけの野菜です。水耕栽培にも同じようなことが言えます。つまり薬にはならないということです。

それどころか、**冬に体を冷やすハウス栽培の夏野菜を食べるのは、それだけで病気の原因になりかねません。いくらグルメ流行りだからといって、旬を無視した間違った食生活のあり方というものは、この辺でしっかりと見直したいものです。**

米は寒いところでは陽性が強くなり、丸みを帯びていきます。暑いところでは、逆に陰性が強くなり、タイ米がそうであるように横に長くなります。

夏野菜と果物が体を冷やし、冬野菜が体を温めるのは、説明したとおりです。このことは、野菜や果物に含まれるナトリウムとカリウムの含有量からも実証することができます。

図表は、「文部科学省が発表している「日本食品分析表（5訂）」から抜粋したもので、野菜100g中に含まれるナトリウムとカリウムの含有量を示しています。

体を冷やすカリウムの量を見ると、バナナは360mg、筍は520mgもあります。

しかも、この2つの作物では、ナトリウムは検出されません。いかに体を冷やすかがわかります。この陰性の筍を極陰の砂糖で味付けしたりすると、胃を悪くすることがあります。筍は塩と醤油だけで煮るととても美味しくて、いくら食べても飽きません。

煮干しを油で炒め、筍を入れてよく油をまぶします。そこに水を入れて煮立ったら、塩と醤油で味付けます。ごく簡単な調理法ですが、思わず唸ってしまうほどの美味し

野菜のNa、K含有率

野菜名 100g中	ナトリウム Na/mg	カリウム K/mg
インゲン	1	260
西洋カボチャ	1	430
日本カボチャ	1	480
キュウリ	1	220
ナス	1	220
トマト	3	210
ピーマン	1	190
筍(タケノコ)	Tr ※	520
バナナ	Tr ※	360
ダイコン葉	41	340
ダイコン	19	230
ニンジン	24	280
レンコン	24	440
タマネギ	2	150
高菜	43	300
小松菜	11	210
ほうれん草	16	690
白菜	6	220

※ Tr：trace。微量の意。最小記載量の 1/10 以上～5/10 未満。

日本食品分析表（5 訂）より

さです。夏野菜はどれもナトリウムをほとんど含みませんが、トマトだけは3mgと、かろうじて多めです。だからトマトは凍りにくく、長く日持ちします。

ダイコンは、ナトリウム19mgを含んでいるので、冬の寒さの中でも凍りにくくなります。24mgのナトリウムを含むニンジンも同様です。小松菜とほうれん草も、ナトリウムを多く含むので、やはり冬でも凍りません。タマネギはカリウムが非常に少ないうえに、ナトリウムも少ないので、冬の間は生長しません。そして春になると、一気に生長します。

白菜のナトリウムは、6mgしかないので、極寒になると傷んできます。一方、高菜は43mgものナトリウムを含んでいるので、春先になると一番に生長します。このように、食品分析表からも陰陽は見えてきます。

木が生長していく秘密

硬い木が、大きく生長していく秘密も、陰陽で説明することができます。「すべての中心は陽であり、表面・外面は陰である」という陰陽の定理をじっくりと見つめ直した時、木の生長の謎が解けました。

木の表面は陰で、中心は陽です。陰は外に広がっていく力が働くので、木の表皮は膨らんで大きくなり、ひび割れた皮は地面へと落ちていきます。

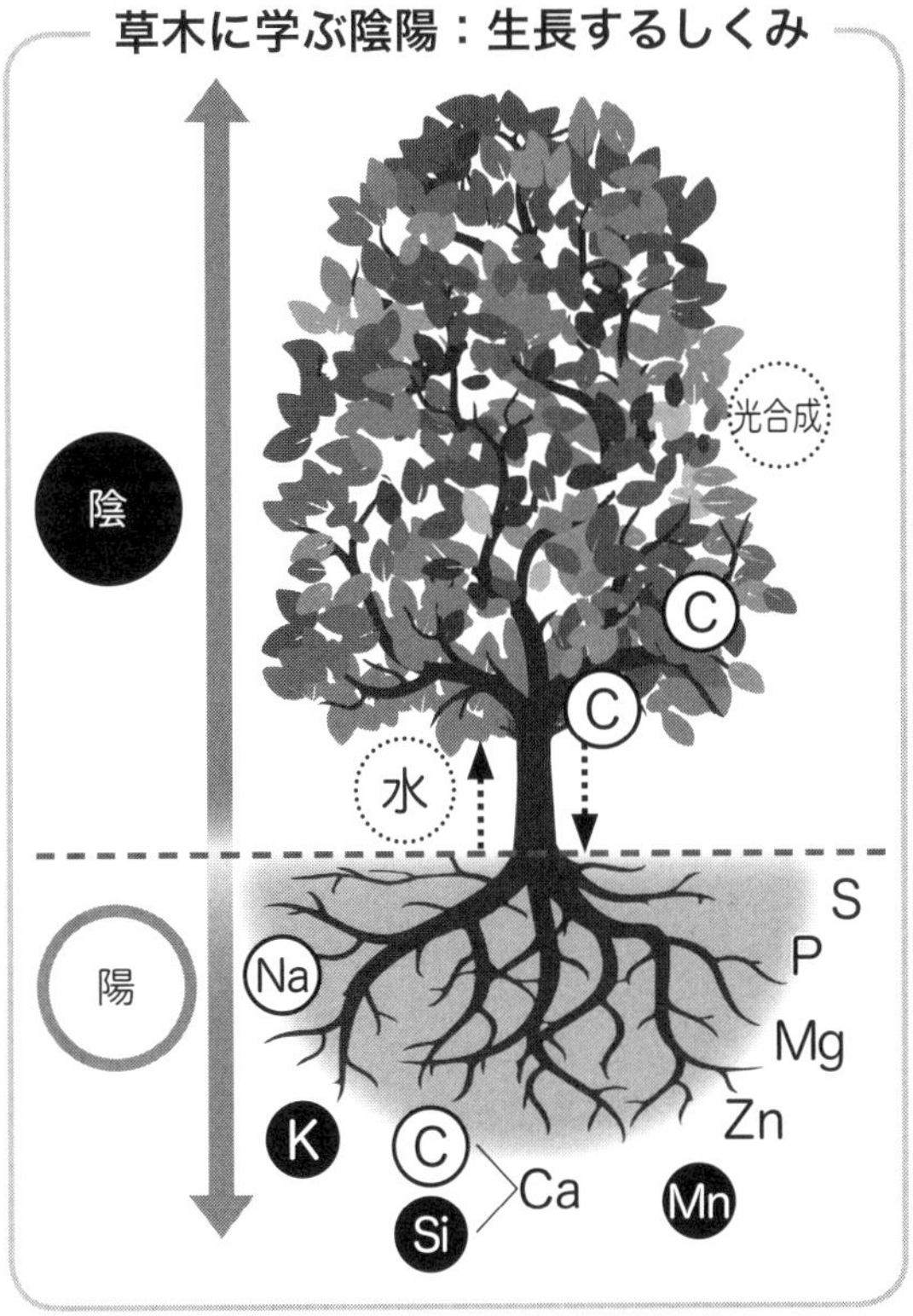

　木が水を吸い上げるのは、どんな作用によるのでしょうか。水は高いところから低いところへと流れていくのが道理ですが、植物においては根から入って上に抜けていきます。これはカリウム（陰）

草木に学ぶ陰陽：生長するしくみ

とナトリウム（陽）の恋愛ごっこです。

カリウムは浸透圧を作り出します。その浸透圧によって根から入ってきた水分を、上に引き上げていくのが、ナトリウムの役目です。木を全体で見ると、下が陽で上が陰。この陰の場所に陽のナトリウムが引き合って集まり、木の上部の浸透圧を高めます。だから、下からカリウムが入ってくることができるのです。

こうして、木の上部に到達した水分は、光合成の材料として使用され、やがて葉っぱの蒸散作用によって大気に放出されます。光合成によって作り出された炭素は、ケイ素とくっつき、カルシウムが作り出されます。炭素は極陽で、ケイ素は極陰です。だから互いに引き合ってくっつくわけです。原子量は炭素が12で、ケイ素が28。この2つがくっつき合って、40の原子量を持ったカルシウムに生まれ変わるわけです（後述の「原子転換」参照）。

ところで、山の上に行けば行くほど、木がだんだん小さくなっているというのはご存知でしょうか。高いところは陰性ですので、そこに生える植物はみんな陽が強くなって小さくなっていきます。

一方、赤道付近などの極陽のエリアでは、陰性の杉の木などが空に向かって高く伸びていきます。陰性の場所では陽の植物、陽性の場所では陰の植物が主に生えてくるわけです。

昔、山登りをしていた時、なぜ上に行くほど木が小さくなるのか、風が強いからだろうか、などと考えながら登っていましたが、陰陽がわかってみれば、実は簡単な事でした。

原子転換について

陰陽について、より深く理解するうえで欠かせない理論があります。それはフランスの生化学者・理論物理学者のルイ・ケルブランが提唱した「原子転換（生物学的元素転換）」で、「一つの元素は、生体内の酵素やバクテリアの作用によって別の元素に転換する」という理論です。この理論は、現代科学の常識を超えたもので、ほとんど顧みられることはありませんでしたが、実は大きな真実を解明したものでした。

彼はまず、石炭岩のない土地で育つニワトリが、石炭質の殻をもつ卵を産む、不思議に着目します。そして研究を続けた結果、雲母に含まれるカリウム（K）が、水素（H）と結合してカルシウム（Ca）に変化するという事実を突き止めました。

雲母の成分は、アルミニウム、カリウム、ケイ素などで、カルシウムはほとんど含まれていません。この中のカリウムが、水の中の水素とくっついて原子転換が起こり、カルシウムに変化する。水素の原子量は「1」、カリウムの原子量は「39」です。そして水素は極陽、カリウムは極陰です。この陽と陰が結合することで、原子量「40」のカルシウムが作り出されることになります。

ニワトリの卵の殻が柔らかくなった時に、餌に雲母を混ぜて与えると、翌日には硬い殻の卵を産みます。ニワトリの体の中で、このような原子転換が起こっているからです。

カニが脱皮したあと、甲羅が硬くなる場合はどうでしょうか。海水の中のマグネシウム（Mg）と酸素（O）が結合して原子転換が起こり、同様にカルシウムが作り出されます。マグネシウムの原子量は「24」で、酸素の原子量は「16」、これを足せば原子量「40」のカルシウムとなります。原子量はぴったり符合しています。

この原子転換は、植物も同様に行っています。植物は光エネルギーを使って、二酸化炭素（CO_2）と水（H_2O）を吸収しながら光合成を行ない、酸素と養分を作り出しています。これは誰でも知っていることですが、実はこの際に、植物体内で原子転換が起き、炭素（C）とケイ素（Si）が結合して、カルシウムが作り出されているのです。

炭素の原子量は「12」で、ケイ素は「28」、足せば原子量「40」のカルシウムとなります。炭素は極陽、ケイ素は極陰です。陽と陰だから、互いにくっつき合うのです。

こうしてできたカルシウムを元に、植物はさらに次々と原子転換を繰り返し、何十種類ものミネラルを作り出しています。私たちはそのミネラルのおかげで生きていくことができるのです。

この事実を初めて知った時は、植物ほど大切な存在はないのではないかと思いました。そんな大切な植物に、除草剤を撒いて殺すなんて、もっての外です。化学的に抽出されたミネラルは、人体に吸収されません。塩、米、野菜の中に含まれた天然のミネラルでなければ駄目なのです。

このことは、ぜひしっかりとご理解しておいてください。植物は90種類以上のミネラルを、自ら作り出すことができます。植物の中にそれが全部入っているのです。

ところが、学者たちは未だに植物がミネラルを作り出していることを認めようとせず、鉱物から抽出されたミネラルを植物が吸収していると主張しています。でも事実はそうではありません。草や木や野菜たちは、光合成と原子転換によって、自らミネラルを作り出しているのです。

荒れ果てた不毛の土地も、そこに生えてきた草を切り返して、土に還していくという作業を繰り返していくと、やがては豊かな土地へと生まれ変わっていきます。草が何かを作っているとしか考えられないのです。

ミネラルは、光の波長（スペクトル）によって陰陽に分かれます。一番端が６５００でリチウム（Li）と水素（H）と炭素（C）、極陽の世界です。５０００が中庸で、塩素（Cl）は陰性、カリウム（K）やマンガン（Mn）は極陰です。これを組み合わせていくと、さまざまな原子転換ができます。すべて陰と陽の組み合わせです。自然の仕組みには、本当に感嘆するばかりです。

化学合成されたリンの危険性

原子転換によって、植物からリン（P）が作られるようになった時から、生命体は雄と雌に分かれていきます。リンは遺伝指令を出す酵素へと変わり、こういうものを作り出しなさいという指令を出します。ですから、リンがないと種子はできません。太古の昔に苔からシダが生まれ、シダから原子転換によってリンを作るようになってから、さまざまな生命が誕生するようになりました。

ですから、リンはきわめて重要です。日本はリンがないからといって、リン鉱石を輸入し、生産過程においてゴミの山を作っています。日本の土にはリンが少ないと言いますが、決してそんなことはありません。植物がちゃんと作り出しているのです。

化学的に合成されたリンを、多量に水に流すと、魚は正しい遺伝指令を出せなくなって奇形の魚が発生します。それで一時、無リンの洗剤に切り替えるべきだという騒ぎが起きました。

植物が作ったリンがなければ、細胞を正常に作り出すことはできません。その大切な植物のリンが今は少なくなり、化学的に作られたリンを体内に取り込んでいるために、奇形児が生まれる危険性が生じてきます。本当に恐ろしい話です。

植物が作り出したミネラルでなければ、人体に吸収することはできません。これは野菜たちも同様で、草をしっかりすき込んで発酵させ、完熟堆肥を撒いた土からでなければ、作物は健康に育ちません。化学肥料を使っていると、ミネラルバランスが狂って病気が出てくるのです。

植物が光合成と原子転換で作り出したもの以外は、畑の中に入れてはいけません。もちろん、人体に入れては絶対にいけません。ところが、巷に溢れているのは、石油から抽出されたものばかりです。このことを、しっかりと頭に入れておいてください。

玄米の素晴らしさ

玄米の素晴らしさは、その中に陰と陽のすべてが入っていることです。陰と陽が合体したものが玄米であり、皮と実の間には宇宙エネルギーの気が回っています。玄米には、あらゆる食べものの中で、一番たくさんのエネルギーが充満していると言われています。

玄米を大地に蒔くと、まず陽である根が出てきます。続いて陰である芽が芽吹き、生長していきます。ところが、玄米の皮と胚芽を剥いだ白米を大地に蒔いても、根も芽も出ず、そのまま腐ってしまいます。玄米には生きる命が宿っているのに対して、白米は命のない死に米だということです。

皮を剥いで白米にすると、皮と実の間に満ちていた宇宙エネルギーは、役目を果たすことなく大気中へと消えていきます。だから、白米は気が抜けています。気の抜けた白米を食べ続けるから、体から気が薄れていくのです。

白米という字を一つにすると、「粕（かす）」という字になります。一方、米という字に健康の健（すこやか）の字をつけると「糠（ぬか）」になります。この字が示すとおり、白米というのは、胚芽の成分がもたらす健康を捨てて、カスになった食べものです。そんな白米を常食していると代謝障害が起き、高血圧の原因となります。

玄米を食べ始めて1年ほどで、85kgあった体重が、ごく自然に65kgまで落ちました。

硬かった筋肉もほぐれてきて、当時は10代の人に負けないほど、体に柔軟性がありました。

また、以前は人に対して挑戦的でいつも肩をいからせていたような性格だったのが、いつの間にか心が穏やかになり、穏やかな毎日を送れるようになりました。どうやら、玄米菜食は心にも作用するようです。

玄米の皮には、虫などの外敵から芽を守るための、フィチン酸が含まれていますが、炊いてしまえば毒素にはなりません。炊く時には必ず塩を入れてください。塩化マグネシウムが、米の中のタンパク質とくっつくと、水酸化マグネシウムに変わります。そして変わる時に味を作り出します。だから、塩が入るとすごく美味しくなります。

また、玄米は完全無農薬で栽培されたものが基本ですが、少しの農薬であれば、陽である塩が農薬の陰をある程度は消してくれます。

食べる時にゴマ塩をかけると、さらに美味しくなります。ゴマの中には良質の脂肪が50％も含まれ、大地に蒔けば根と芽を出します。ゴマも玄米と同じく種子であり、生きた命が満ちています。

ゴマ塩は、ゴマ8に対して、塩2の割合で作ります。まず煎った塩をすり鉢ですり、さらに煎ったゴマを入れて、やさしく時間をかけてすり上げます。

玄米と梅干の相性も抜群で、梅干しの入った玄米おにぎりは最高の健康食です。また、お弁当として持っていく際は、煎り味噌を加えるのもお勧めです。煎り味噌にすると傷みにくいし、味噌汁がわりになります。

食べもの全体から見た陰陽

体は、陰性になり過ぎても、陽性になり過ぎても、バランスが崩れます。一番いいのは、陰と陽のバランスをとりながら中庸を保つことです。どんな食べものが陰と陽なのかを知ることが大切です。ご自身の食事のバランスを見つめ直してみてください。

食事の基本としてお勧めしたいのは、無農薬、無化学肥料で育てられた玄米と旬の野菜です。玄米や野菜には、カリウム（陰）が多量に含まれていますので、これだけを食べていると、体が冷えてしまいます。そこに塩（陽）を加えると陰陽のバランスが整い、健康な体へと導くことができます。

おかずとしては、塩や醤油、味噌で濃く味つけした野菜、濃い味噌汁、漬け物、梅干しなどを、できるだけ摂るようにします。これは、陰と陽のバランスだけでなく、酸性食品である玄米を中和させる意味もあります。

体内には、化学合成されたものを分解できる消化酵素はありません。そういうものを食べると、分解されないまま体内に残ってしまうので、さまざまな疾患を引き起こす原因となります。私たちの体を作るのは日々の食事であり、これほど重要なものはありません。くれぐれも食事には気を配ってください。

「子供が野菜を食べないので困っている」と悩んでいるお母さんは、少なくないと思います。でも、子供は野菜が嫌いなのではなく、スーパーなどで売られている野菜が美味しくないから食べないのです。なずな農園の無農薬、無化学肥料栽培の野菜なら、喜んでたべるという子供たちを、なずなの恒例行事である野草会や収穫祭でたくさん見ています。

ところが多くのお母さんたちは、味覚のしっかりした子供たちに、旬を無視した野菜を与え、おまけに砂糖と化学調味料で味付けまでして、無理に食べさせようとしています。市場に出回っている野菜がどうやって作られているのか、いつも使っている調味料の成分は、いったい何なのか。ぜひ、そのことを考えてみてください。

化学合成されたものは、その大半が陰なのです。陰はものを大きく膨らませる性質を持っています。化学肥料を撒かれた作物は、確かに大きく育ちますが、実は、細胞が膨れ上がっただけなのです。しかも、作物ができるのは最初のうちだけで、すぐに病気が出始めます。その対策として、いろいろな農薬を次々と撒くことになります。「野菜が体にいい」などとは、今の野菜では言えるでしょうか。

太陽に向かって伸びる陰性の夏野菜は、体温の上がった肉体を冷やし、夏バテを防いでくれます。根のものが中心となる冬野菜は、火を通して食べることで、体温の下がった肉体を温めてくれます。これが旬の野菜と体の正しい関係であり、自然な循環なのです。

また、肉や魚にも旬があることを知っておきましょう。例えば、タイ（鯛）は桜ダイといって桜の時期が旬、はんさこ（イサキ）は、麦はんさことといって麦が成熟する頃が旬、サンマ（秋刀魚）は文字どおり秋が旬です。冬が旬の、カキやホタテやアンコウは、風邪に対応できる体を作るミネラルである、亜鉛とセレンを豊富に含んでいます。まさに自然が届けてくれる恵みです。

肉の場合、夏場は野生の動物のほとんどは、子育ての時期に入り、体力を消耗して衰えてくるので、美味しさは半減します。秋から冬になると寒さをしのぐために脂がのってきて、旬になります。

身土不二について

「身土不二（しんどふじ）」という言葉を、ぜひ覚えておいてください。玄米食に目を向けられた方はご存知かと思いますが、土（環境）と身（体）は二つではなく一体である。つまり、「身の周りに育った自然の作物（旬のもの）をいただきなさい」という、自然の原理にかなった教えです。

その土地で採れたものを、その季節にその土地の人が食べることで、陰陽のバランスは自然にとれていきます。一番正しい食事法は、その地域で育った完全無農薬の旬のものを食べることです。主食は玄米であることが基本です。

「一物全体」という言葉も覚えておいてください。これは「一つの物を丸ごといただきなさい」という意味です。玄米がその典型的な例ですが、作物の表皮には、往々にしてビタミンやミネラルをはじめとする栄養が豊富に含まれています。葉野菜であれば、芯や根っこも調理を工夫して食べたほうがいいですし、根菜であればよく洗い、基本的には皮をむかずに調理してください。葉つきの根菜ならば、葉も捨てないでいただきましょう。

もちろん無農薬、無化学肥料で育てられた作物であることが必須条件となりますが、丸ごと食べることは、その作物の栄養を丸ごといただくことになります。

人に見られる陰と陽

では、人の場合はどうでしょうか。

熱い国に生まれた人は、一般的に背が低く、皮膚の色や目の色が茶色や黒色で、鼻口は天を向いて低く、明るく楽天的な特徴を持っています。反対に寒い国に生まれた人は、一般的に陰性タイプであり、背が伸びて太陽に近づこうとし、目は青色で鼻は高く、下を向いています。性格は静かでゆっくりしていて、思考的な傾向があるように思えます。

もちろん、これはすべての人に当てはまるわけではありませんし、少々大雑把過ぎるかもしれません。ただ、陰陽というのは絶対的なものではなく、例えば同じ陽の男性でも、その性格や体質には、人によっては陰が強い場合もあることはご理解いただけると思います。

では、あなたは陰と陽のどちらのタイプでしょうか。遊び心を出して、さらに陰陽で分けてみましょう。

夜になればなるほど、元気が出てくる夜型の人は陰。動き回るよりも、家の中で静かに

陰陽でみる肉体

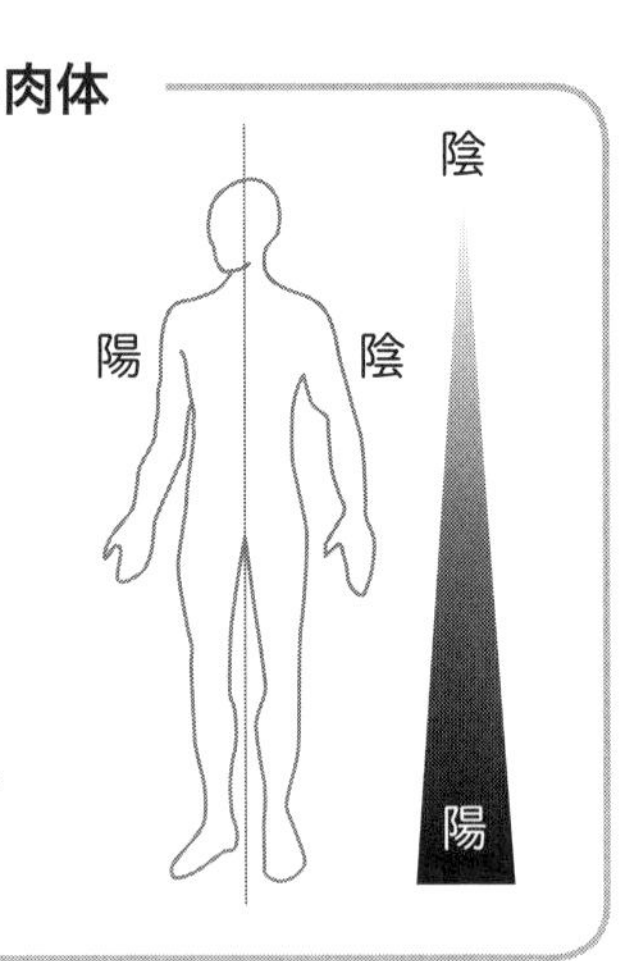

陰 ― 女性／体の左側／体の表面（前面）

陽 ― 男性／体の右側／体の裏側（背面）

命あるものはすべて陰と陽の組み合わせによって成り立ち、調和し、お互いに結びつこうとする。

本を読んでいるか、音楽を聴いているほうが好きというタイプの人です。逆に夜が弱く、早起きで朝から少しもじっとしていられなくて、元気に動き回っている人は陽タイプです。このことからもわかるように、子供は陽のエネルギーに満ちています。ですので、真冬でも薄着で元気いっぱい、外で遊び回ることができます。

この見分け方も、もちろんすべての人に当てはまるわけではありませんが、何が陽で何が陰か、自分は陰のタイプか陽のタイプか、何となく理解していただけたのではないでしょうか。

人についての陰陽では、人体においても図のように、陰陽で見ることができます。男性は陽で女性は陰。身体では、左が陰で右が陽、上が陰で下が陽になります。女性の卵子は陽であり、下へと下降していきます。一方、男性の精子は陰なので、上昇していきます。それで卵子と精子の合体が起こるわけです。すべての中心は陽であり、表面・外側は陰となります。また、陰と陽は絶対的なものではなく、陰の中にも陽に近いものがあり、陽の中にも陰に近いものがあります。

人も植物も、命あるものは、すべて陰と陽の組み合わせによってでき、調和し、そしてお互いに結びつこうとしています。この大宇宙の原理を、桜沢先生は「魔法のメガネ」と表現していますが、この魔法のメガネ（陰陽の物差し）で見ると、いろいろな答えがはっきりと見えてきます。

第４章　植物が持っている薬効と自然療法

ミネラルによる自然の薬

薬は本来、植物から作られたものです。化学肥料、農薬を一滴も使わずに、生きた土で育った旬の野菜は、それ自体が素晴らしい効果を出してくれます。

また、春になるといろんな野草が、畑や野山に芽を出しますが、この野草もまたさまざまな薬効を持っています。野菜も野草も、その薬効の元となるのは、光合成と原子転換によって作り出したミネラルです。そのミネラルが酵素となって薬になり、人体を正常な状態へと導いてくれるのです。

この章では、こうした自然の恵みを使った、自然療法についてご説明したいと思います。これまでの人生で体験した療法ですので、それほど多くはありませんが、知っているといろいろな急場で役に立つと思います。化学的に作られたクスリなどに手を出すことなく、自然の治癒力で元気を取り戻してください。

ガンに効果を発揮する自然海塩

これまで、何度も触れてきたように、化学肥料と農薬は、ガンを引き起こす主な原因となっているようです。化学肥料、そして殺菌剤、除草剤、殺虫剤、燻蒸剤などの農薬は、土が本来持っている生命力を殺し、史上最強の毒であるダイオキシンになっていきます。そんな毒物の入った作物を食べ続けることで、異常赤血球が増えてガンになってしまうのです。

医療機関によるガンの代表的な治療法は、抗ガン剤の投与と放射線治療ですが、どちらも大きな問題を持っています。例えば抗ガン剤は、ガン細胞を殺す力はあるかもしれませんが、その前に体そのものが衰弱してしまいます。抗ガン剤は胃や腸で活動している、さまざまな酵素を殺してしまいますから、良い血液が作れなくなります。だから治療を続けていると、骨と皮のようにやせ細って、最後は死に至ります。抗ガン剤で殺されているのです。

ガンのできる場所を陰陽で見てみましょう。ガンの治療には、陰陽の知識が欠かせません。

例えば乳ガンを例にとると、原因は右の乳か、左の乳かによって異なります。自分の左に乳ガンができる場合は、陰性過多、つまり砂糖や合成甘味料などの陰性食品の摂り過ぎが原因のようです。右にできる場合は陽性過多で、肉類、ケーキ、クリーム（乳製品）といった陽性食品の摂り過ぎのようです。

そして左側にできた乳ガンの場合、放射線治療は向かないようです。なぜかというと、放射線は極陰の光だからです。体の左側は陰性なので、陰性のガンに極陰の放射線を当てると、良くなるどころか逆効果になってしまいます。一方、体の右側は陽性なので、極陰の放射線を当てることで好結果が出ることもあります。

ところが、現代医療では、治療法を一緒くたにしています。右と左では異なりますし、上か下かによっても変わります。子宮ガンの場合でも、下にできるのか上にできるのか、左か右かによっても違います。陰陽がわかると、治療も変わってくるのではないでしょうか？

ガンに対する自然療法の大前提は、無農薬、無化学肥料で育った玄米菜食に替えて、体の中に気を取り入れ、とにかく塩をしっかり摂ること、ガンは塩気が苦手なのです。

塩を直に舐める場合は、塩をフライパンで薄いキツネ色になるぐらいまで煎り、粉にして舐めます。塩の中に含まれる塩化マグネシウムは、摂り過ぎると人体に害となり、腎臓の機能を弱めてしまうからです。塩を調理に使って加熱すると、塩化マグネシウムは水酸化マグネシウムに変わり、安全無害なものとなります。煎って使う場合も同様です。これだと、塩を摂り過ぎるということはありません。

このような食事を続けていると、ガンは徐々に回復へと向かっていきます。ガンは決して怖いものではありません。怖いのは食べものだったのです。

ガンの炎症を抑えるビワ

ビワの葉は、痛みを取ると同時に、ガンの炎症を抑える働きを持っています。ビワは昔から「魔法の木」と呼ばれ、ガンや慢性の病気を治すために、その葉が使われてきました。ビワの葉の中に含まれるアミグダリンという物質に、高い薬用効果があるそうです。自然療法として、ビワの葉の温灸、ビワの葉のコンニャク湿布があります。若葉よりも緑の濃い古葉のほうが、薬効が大きいです。

そして、ビワの種には、葉の１３００倍のアミグダリンが入っていると言われています。ビワの種の焼酎漬けを1日に盃1～2杯ほど飲み続け、胃ガンが消えたという話を聞いたこともあります。ビワの種を煎って粉にしたものを飲むのも、高い効果があるようです。

なずなでは、ビワの種の焼酎漬けを常に欠かさず作っています。ビワを食べたら、種は乾燥させて取っておき、焼酎漬けにする際は、35度の焼酎（乙類）に、乾燥した種２００ｇを入れます。３ヵ月から半年で、ウイスキーのような琥珀色になり、万能の薬味酒となります。

また、ビワの葉を煎じて作るビワ茶も有効で、体の痛みや炎症を抑え、胃腸の働きを高めます。作り方は、1・8リットルの水に対して、ビワの葉3～5枚を刻んで入れ、20分ほど煮出します。葉をとり出し、ポットに入れておきましょう。この量が1日分で、食前30分に飲みましょう。

貧血はミネラル不足が原因

貧血の治療で病院に行くと、内服薬として鉄剤（鉄を成分とした造血剤）が手渡されます。

でも、鉄剤を飲んで、仮にヘモグロビン濃度などの数値が上がったとしても、体そのものの調子は決して良くはありません。**貧血の原因は体内のミネラル不足です。ミネラルをたっぷり含んだ無農薬、無化学肥料の野菜をしっかり食べるように心がけてください。**

ゴボウ、青い葉物野菜（青菜）、ニンジンをはじめとする色のついた野菜は、鉄分を多く含んでいます。青葉のことを「王菜」とも呼ぶように、日本には王菜がいっぱいあります。

青菜は塩漬けや油炒めにし、塩味を濃くして調理します。そのうえでニンジンやゴボウなどの、色のついた野菜を食べていると、貧血は自然に改善されます。

ゴボウは、秋から冬にかけてがもっとも美味しい季節です。繊維質に富んでいるうえに酵素も多いので、腸のぜん動運動を活発にして老廃物の排泄を促し、利尿作用や解毒作用もあります。

おろしゴボウに、おろし生姜を加えた「ゴボウ生姜」も貧血には有効です。おろしゴボウ大さじ1杯、醤油小さじ1杯、おろし生姜小さじ半分を混ぜて、ご飯にかけて食べると、優れた造血剤になりますし、非常に美味しいです。

子宮筋腫は、牛乳を断って玄米食に

長年にわたって、食事ノートをチェックしていった結果、子宮筋腫の主な原因は、乳製品の摂り過ぎだということがわかりました。特に牛乳を1日に1リットル以上も毎日飲んでいるような人は、子宮筋腫になる危険性が高まるようです。

自然療法としては、主食を白米から玄米に替え、ビワの葉温灸をすると良いでしょう。ただし、このビワの葉温灸を子宮のある場所にすると、子供ができにくくなります。子供が欲しい人は、ビワの葉温灸ではなく、コンニャク湿布にしてください。熱湯で20分間ほどゆでたコンニャクをタオル2～3枚で包み、熱さの調整をしてから、ビワの葉の上に乗せて患部を温めます。今まで5～6人ほどの人が治りました。

糖尿病には、足の裏から塩を入れる

糖尿病の人は、まず朝食を抜いてください。糖尿病の人は腎臓の働きが悪くなっていることが多いので、朝食を食べると、血液の浄化がスムーズに進まなくなり、糖がきちんと代謝されずに高血糖が持続してしまいます。

血液の「液」という字は、さんずいに「夜」と書くように、食べたものは夜の間に血液に変わります。その新たに造られた血液が浄化されるまでに、朝の10時ぐらいまでかかると言われています。この間にご飯を食べてしまうと、消化酵素が働いて食べたものを消化するために多くのエネルギーと血液が使われてしまい、その分、血液の浄化や糖代謝をはじめとする、体の新陳代謝が滞ってしまうのです。

ですから、なずな流の食事では、朝食を摂りません。その代わりに、梅醤番茶を飲みます。作り方は簡単で、お湯呑み茶碗に、小さ目の梅干し1個と醤油を5〜6ccを入れて、よくほぐし、そこに熱い番茶を200ccほど注ぎます。

梅はすぐれたアルカリ食品で、酸性側に傾いた血液を中庸へと戻し、血液の浄化力を高めてくれます。梅はビワと同じバラ科の植物で、種の中にアミグダリンを豊富に含んでいますから、3年もの、4年ものと、古いほど効果が高まります。

糖尿病の人は、まず朝は梅醤番茶だけにして、玄米菜食に替えたうえで、食べ過ぎに注意してください。カロリーで言えば、1食あたり1000カロリー以下に抑えます。玄米で言えば、茶碗1杯に副食という組み合わせです。

糖尿病に限らず、多くの人は食べ過ぎで体を悪くしています。腹8分目を意識してください。イノシシは、たとえ目の前に餌があったとしても、常に腹6分に抑えると言います。

缶ジュースをはじめとする、合成甘味料の入った飲みものや食べものは、当然ながら厳禁です。合成甘味料を摂った後で検査をすると、必ず血糖が上がっています。合成甘味料を分解する酵素が、体内にはないからで、すべて体内に蓄積されていきます。

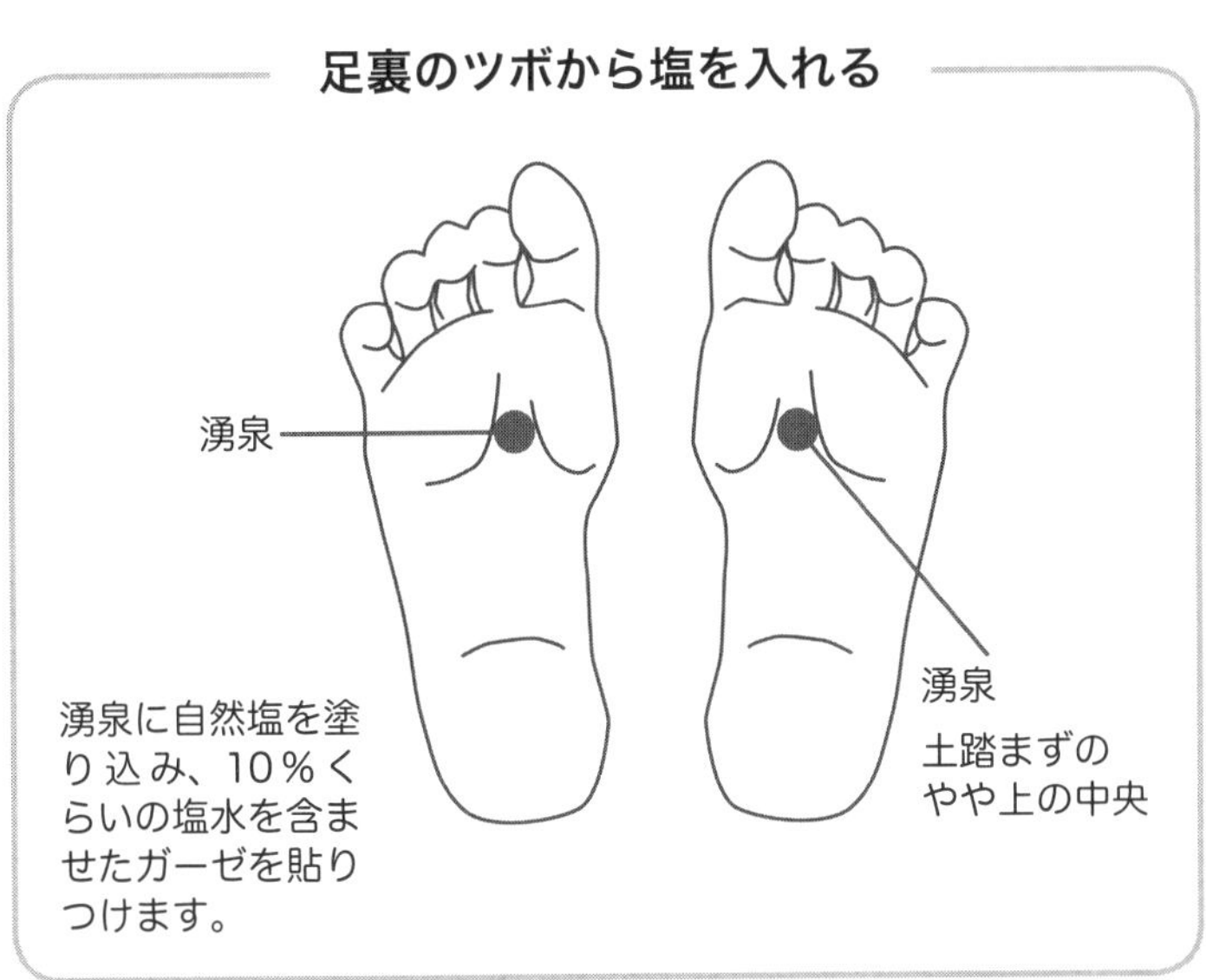

畑に農薬や化学肥料を入れると、分解されずに残ってしまうのと同じです。石油化学合成物質は絶対に、体の中に入れてはいけません。

腎臓の働きを強くするのは、やはり塩です。しかし、腎臓に負担をかけないように、食事では味噌、醤油などの発酵食品で塩気を入れます。直接塩を入れる場合は、足の裏から入れます。

土踏まずのやや上の中央、足の指を曲げて第2・第3の指の骨の間の少し窪んだところに、「湧泉（ゆうせん）」というツボがあります。湧泉は読んで字のごとく、元気が泉のように湧いてくるツボです。「腎経（じんけい）」（脚の内側、お腹の中央付近を流れる道筋）に働いて、腎臓の働きを強め、体を温めて自律神経を整える働きがあります。

ここに自然海塩を塗りこみ、ガーゼに10％ぐらいの濃度の塩水を含ませて、水漏れしないように貼りつけます。その状態のまま夜に眠ると、塩が直接、腎臓に達します。そして塩の効用で腎臓が締まり、働きが良くなっていきます。こうした自然療法によって、多くの方たちが元気を取り戻しました。

胃痙攣や胃痛に効くヨモギ

胃の痛みに、効果を発揮してくれるのがヨモギです。ヨモギは春と秋に、日当たりのいい野山や道端に、ごく普通に自生しています。

新芽の先3～5㎝を2～3本ほどちぎって、そのままよく噛んで苦い汁を飲み込むと、数分でウソのように痛みが消えます。

ヨモギは古くから食用や薬草として用いられています。殺菌、保湿、胆汁分泌促進、止血などの作用もあると言われています。

夏場には、ヨモギが土の中に眠って消えますが、その代わりに赤シソ、青シソが勢いよく葉を茂らせます。その生葉を噛んで汁を飲むと、ヨモギと同じような効果があります。また、ヨモギは虫刺されにも効きます。生葉をよく揉んで汁をつけると良いでしょう。

ブユに刺されたら、オオイヌノフグリの葉

ブユ（ブヨ・ブト）に刺されると、やがて強い痛みと痒みに襲われます。症状が強いと腫れが広がって盛りあがり、体液が滲み出して水ぶくれになることもあります。

ブユに刺されたら、オオイヌノフグリの生葉をよく揉んで汁を塗り込むと、すぐに痒みが消えます。できるだけ刺されてすぐに手当したほうが効き目があります。

オオイヌノフグリは、道端や空き地、畑の畦道などでよく見かける草で、早春には淡青色の花を咲かせます。夏の間は枯れて、秋には再び芽を出します。ミネラルが豊

富な土に生えてくる草です。

ムカデやハチに刺された時

ムカデに噛まれた時は、ドクダミの葉が特効薬となります。生葉をよく揉んで傷口に汁を塗り込めば、30分以内であればすぐに痛みが治まり、腫れることもありません。とにかく早めの手当てが大事ですが、たとえ時間が経っていても、塗らないよりは塗ったほうが良いのです。

ドクダミは「十薬」という、生薬名がつくほど優れた薬草として有名ですが、自然療法のための植物というのは、必要となる時期にちゃんと生えています。ムカデの出る時期にはドクダミがありますし、夏のハチが出る時期にはアサガオがあります。

夏に草刈りとかに出る際は、非常時に備えて、アサガオの生葉を2〜3枚、ポリ袋に入れて持っていくようにしています。一度スズメバチに刺されたおばさんを、アサガオの葉で手当てしたことがありますが、寝込むこともありませんでした。それぐらい効きます。ハチの毒に対しても、ドクダミは特効薬であることを体験しています。アサガオの種の焼酎漬けは、マムシに噛まれた時に効くそうですが、幸いにもこれは試したことはありません。

火傷にはビワの葉を

ビワには、きわめて優れた薬効があることは、ご説明しましたが、ビワの葉は火傷にも特効薬となります。

以前、筍を大釜で湯がいていた際に、右手の甲に熱湯を浴び、皮膚が剥がれて真っ赤な肉が見えるほどの、大火傷をしたことがあります。急いで塩水をかけ、ビワの葉をきれいに洗って、葉の表側を患部に直接貼り、その上から包帯を巻きつけました。すると耐え難いほどの激痛が1分ぐらいで10分の1ほどになり、いつの間にかケロイドにもならずにきれいに治りました。

また、ある時、シイタケ乾燥機のバックファイアーで、炎を顔面に受け、右半分に大火傷をしたことがあります。なずな農園の若者にビワの葉を採ってくるように頼み、急いで事務所に戻って、顔に塩水をかけてもらいました。それから同じように洗ったビワの葉の表側を貼って包帯を巻くと、やはり痛みがすぐに10分の1ほどになり、ケロイドも残らずに治りました。火傷に対するビワの葉の驚くべき薬効を、このように自分の身を通して二度も体験したわけです。

ビワの葉の効果は、本当にたくさん経験しました。

目が充血した時、ビワの葉を眼帯の大きさに切り、太陽の当たる表を目に当てて眠ったところ、2日できれいになりました。膀胱炎で血尿が出た時、ビワの葉を膀胱のある下腹に貼ったところ、2〜3日で血尿が止まりました。肩の痛みや、体に原因不明の痛みがあった時、ビワの葉のコンニャク湿布やビワの葉温灸で救われたこともたびたびです。

イボには小松菜の絞り汁

秋から冬場にかけての、旬の小松菜の絞り汁は、イボ取りに使うと驚くほど効果があります。息子にウイルス性のイボが、次々と出てきた時のこと、なにげなく小松菜の絞り汁を2回ほど擦り込んだところ、きれいに消えてしまいました。自分にもイボが4～5個できたことがありますが、同様に小松菜の汁を塗り込んで1ヵ月ぐらいして気がつくと、やはりイボは跡かたもなく消えていました。

炎症を抑えるイタドリ、ツワブキ

北海道に自生するイタドリを、アイヌの人たちが薬草として使っていたと、痛みを取るサプリメントのテレビCMで流れていたことがあります。

通常のイタドリは、日本中に自生している多年草で、春先には若芽が筍状に伸び、草丈が2m近くになります。私たちは子供の頃から、この若芽を塩漬けにしたり、皮を剥いてそのまま塩をつけて食べていました。

イタドリの名前の由来は、「痛取り」で、痛みを取るからこの名前がついたと言われています。捻挫した時など、掘り上げたイタドリの根を擦りおろして、よく練ったものを捻挫したところに湿布すると、炎症が治まります。

ツワブキは、海の近くを好んで自生する丈夫な多年草で、菊に似た可愛い黄色の花を咲かせます。このツワブキの葉には抗菌性があり、火で炙って柔らかくしてから、痔の患部に当てると良い、という話を聞いたことがあります。痔になったことがないので、試してみたことはありませんが、その効用を他人に教えると、効果があったということでした。

また、子供を出産した後、おっぱいに炎症が出て困っている人に、ツワブキの葉を火で炙ってから乳首が出るように真ん中を開け、太陽の当たる葉の表側を皮膚に貼るようにアドバイスしたことがあります。結果はやはり良好でした。自然の力には驚くと同時に、心から感謝するばかりです。

膝にたまった水、足のむくみを取る彼岸花の球根

秋の初めになると、いつの間にか茎が現れ、彼岸の頃に妖しい紅花を咲かせる彼岸花。別名「曼珠沙華(まんじゅしゃげ)」(サンスクリット語〝天界に咲く花〟という意味)は、独特の霊的な雰囲気を持った多年草です。

この彼岸花の球根には、デンプンが多く含まれており、飢饉の時の糧として植えたということで、人家の近くでよく見かけられます。球根には毒性があるため、そのまま生で食べると、吐き気に襲われると言われていますが、石臼で砕いて水を入れ、沈殿したデンプンを集めて食べていたそうです。

この彼岸花の球根には、膝などにたまった水や足のむくみを取る効用があります。擦りおろした球根を、同量の小麦粉と混ぜ合わせて綿布に伸ばし、足の裏の湧泉のツボを中心に貼りつけて、包帯や靴下で固定しておくと、水が取れます。

さまざまな薬効を発揮する生姜

生姜の薬用効果には、何度助けられたかわかりません。代表的なものは体を温める薬用効果です。風邪のひき始めなどは、梅醤番茶に古生姜の擦りおろしたものを、少し加えると効果があります。

風邪の解熱発汗には、ダイコンおろしを盃3杯、生姜おろしをその1割、醤油少々を加えて熱い番茶を2合注ぎ、一気に飲んでください。そのまま布団をかぶって横になっていると、どっと汗が出て熱さましに特効を発揮します。

生姜は、ジンマシンが出た時にも効果があります。古生姜であれば5〜6g、新生姜であれば10g以上を擦りおろし、1合ほどの熱湯で溶いて飲むと、30分ほどで症状が治まります。飲みづらいと思う方は、蜂蜜を少し加えれば良いでしょう。

青魚と養殖のエビを食べて、腹痛とジンマシンが出た時、生姜を10gほど擦りおろして200ccの熱湯を注ぎ、醤油を少し加えて味付けして飲んでみました。効果は数分で出始め、30分ほどで痒みも発疹も完全に消えました。

生姜は、一度の調理では使い切れませんから、残りは使いやすいように小分けにしてラップでくるみ、冷凍庫で保存しておきます。冷凍した生姜を常温に放置すると、繊維質だけになって擦りおろせなくなりますので、必要な時は冷凍状態のまま擦って使います。

捻挫や打撲に効く「里芋湿布」

里芋には、熱を取る働きがあるので、捻挫や打撲の際には抜群の効果を発揮します。いわゆる「里芋湿布」として患部に当てるわけですが、白芽のほうが赤芽よりも陰性なので、より効果的です。

白芽の皮を厚めにむいて、擦りおろしたら、その里芋の3分の1～4分の1の量の生姜を擦りおろして混ぜ合わせます。そこに小麦粉を加え、よく練ってください。粘度の目安は、ドロドロにならないぐらいの状態です。それを布に塗り、患部に貼りつけておくと、腫れが引いていきます。熱が取れたら、さらにビワの葉で温灸したり、コンニャク湿布をすると、痛みが取れます。

なずなの会員さんの息子さんが、崖から落ちて、頭蓋骨にヒビが入ったことがあります。白芽の里芋が欲しいと頼まれて、何度か届けましたが、きれいに治ってしまったのには驚きました。

ちなみに、里芋特有のヌルヌルが苦手だという人がいますが、あの粘性物質であるムチンこそ、血管や骨に弾力を与えたり、腎機能を高めたりする重要な成分です。調理の際は、皮つきのまま下茹でしてから、外皮をとると、薬効成分を逃がさずに食べることができますので、ぜひお試しください。

また、里芋の皮を剥いて手が痒くなる人は、陰性体質です。特に塩切れの人ほど痒くなります。玄米食を続けていると、体質も中庸に変わってきますから、そのうちに皮を剥いても痒くなくなります。

消化を助けるダイコンの効果

ダイコンは、魚を食べる時の薬味になることは、皆さん知っておられると思います。ダイコンに含まれるジアスターゼやグリコシダーゼなどの酵素には、消化を助ける働きがあるので、魚料理や天ぷらなどを食べる時にはダイコンおろしは欠かせません。

胃腸の弱っている方は、特に心がけて食べると良いでしょう。これらの酵素や栄養素は皮に多く含まれていますので、できるだけ皮のまま調理してください。

ダイコンは、風邪をひいた時の特効薬にもなるのは、生姜のところでご説明したとおりです。大きめの湯飲みにダイコンおろしを盃3杯、生姜の擦りおろしを3分の1杯、醤油10ccほどを入れ、熱湯を注いで飲むと、汗をたくさんかきます。そして熱い風呂に入ると、一発で治ってしまうという経験を何度もしました。

子供ができる体を作るには

子供ができる体にするには、まず基本として体を冷やさないことが大切です。そして、命ある食べものを食べること、芽を出すものを食べることです。ですから、まずは玄米が基本となります。

この基本は、女性にも男性にも当てはまります。子供が欲しいなら、夫婦二人でちゃんと玄米を食べるようにしてください。玄米には命があるので、夫婦で玄米を食べていると、たいがいは半年から1年で子供ができます。千島学説（144頁、166頁参照）**によると、細胞が全部入れ替わるのに100日ぐらいかかるそうです。この学説を裏づけるように、玄米食に切り替えるように指導した夫婦は、ほとんど半年から1年で子供ができました。**

2002年（平成14年）に弟子制度を始め、ふと気がつくと、独立していった弟子たちがどんどん子供を産んでいます。完全無農薬の玄米と野菜、それに自然海塩を使った発酵食品を食べているおかげでしょう。ああ、なずなの役目は子供が増えていくことなのかと、しみじみと思って嬉しくなります。

調理の際は、塩分を増やしてください。塩が切れるとからだが冷えて、子供ができにくくなります。野菜中心の陰性の食生活になると、どうしても塩切れになっていきます。だから塩分を濃くするのです。もちろん使用するのは自然海塩です。

食事によって、男女を産み分けることも、ある程度は可能です。男性の精子は陰性で、女性の卵子は陽性ですが、この精子と卵子が結合して受精する時に、陰性の精子が強ければ女の子、陽性の卵子が強ければ男の子となります。陰陽のバランスが染色体の数を決定し、生まれてくる性が決まるのです。

したがって、**男の子が欲しい時は、男性は動物性の食べものを極力控えて、菜食中心の食事とし、女性は動物性の食べものを増やします。女の子が欲しい場合は、逆となります。**

これで産み分けが、完璧にできるというわけではありませんが、確率としては高くなるようです。

塩を愛して、砂糖を減らして

つね日頃から、「塩を愛して、砂糖を減らしてください」と皆さんに言っています。「減塩」はこれほど声高に叫ばれているのに、なぜ「減糖」はあまり話題にならないのでしょう。事実はまったく反対であり、砂糖こそ体に害を及ぼすのです。長年にわたる食事指導をとおして、砂糖を完全に断ち切ることによって、難病とされている数々の現代病が完治していくのを幾度も見てきました。白く甘い麻薬の害を、たっぷり目の当たりにしてきたのです。

砂糖は、主にサトウキビやダイコン（ビート）から作られています。ですから、原料そのものには、ビタミンやミネラルが含まれています。ところが、一般に広く使われている白砂糖は、原料こそサトウキビですが、その製造過程で大切なビタミンとミネラルが奪われるばかりか、化学物質でとことん精製処理されることで、自然界には存在しない食品化合物と化していきます。それこそが大きな問題なのです。

白砂糖は、極陰の酸性食品なので、細胞膜の組織をゆるめてしまうと同時に、血液を酸性化させてドロドロにし、血流を悪化させます。さらに白砂糖は細胞膜を作るカルシウムにくっつき、カルシウムを消失させていきます。

この細胞膜は、赤血球を壊れないように守ってくれていますが、その結果として大切な赤血球自体も壊れ、死んでいきます。ですから、白砂糖をひんぱんに食べている人の血液を、顕微鏡で見てみると、赤血球が少なく、ぼやけて見えるのです。

そもそも砂糖は、栄養という観点から見れば、外から摂る必要のないものです。唾液に含まれるジアスターゼという消化酵素の働きによって、食べたデンプンは糖に変わっていきます。量的にはそれで充分であり、それ以上の糖質は必要ないのです。

砂糖の摂り過ぎは、体にとって最悪です。少量だと体に良いとされる黒砂糖でも、摂り過ぎれば、体内のカルシウムは失われていきます。体は元気を失い、病気を呼び込みやすい体になってしまうのです。

しかも私たちは、白砂糖や合成甘味料を、知らない間に摂取しています。炭酸飲料やコーヒーの中には、驚くほど多量の砂糖が入っているのです。しかも砂糖には中毒性がありますので、疲れた時、ひと息いれたい時、ほんの少し小腹がすいた時などに、無意識にこうした甘味飲料を飲みたくなります。毎日飲み続ければ、どれだけ体に悪いか、もはや言うまでもないでしょう。

極陰の白砂糖は、体をもっとも冷やす食材でもあります。「体温が1度下がると、免疫力は3割低下する」と言われているように、低体温は自律神経のバランスを崩し、さまざまな障害を引き起こします。婦人科系の疾患にも直結しますし、白砂糖を摂り過ぎると、不妊になりやすいという研究報告もあります。

塩と砂糖の本質を物語った、有名なエピソードがあるのをご存知でしょうか？

1945年（昭和20年）8月9日、長崎に原爆が投下された際、爆心地からわずか1・4㎞の距離にあった、聖フランシスコ病院のスタッフ全員は、被爆に見舞われながらも、焼け出された人々の治療を懸命に続けました。院長である秋月辰一郎医師の指導によって、当病院では入院患者を含めたスタッフ全員が、玄米と味噌汁の食事を続けていました。

秋月医師は、治療に際して次のように職員に指示を出しています。

「爆弾を受けた人には塩がいい。玄米飯にうんと塩をつけてにぎるんだ。塩からい味噌汁を作って毎日食べさせろ。そして、甘いものは避けろ。砂糖は絶対にいかんぞ」
（秋月辰一郎著『死の同心円――長崎被爆医師の記録』講談社・絶版）

驚くべきことに、玄米と味噌汁を常食していた病院スタッフの全員が、被爆していたにもかかわらず、原爆症を発症した人は、ただの一人もいませんでした。そして治療を受けた人からも、命をとりとめた人が何人も現れました。玄米と塩と味噌の力が、総合的に放射能の害を抑えたとしか考えられません。

一方、命をとりとめた人の中には、厳禁されていたにもかかわらず、安堵のあまり、砂糖を口にしてしまった人もいました。砂糖を摂った人たちの顔色は次第に紫色に変色し、やがて全員が死んでしまったといいます。

「塩を与えろ、砂糖は厳禁」という秋月医師の指導は、塩のナトリウムイオンは、造血細胞に活力を与え、砂糖は、造血細胞に対する毒素であるという、医師の食養医学に基づいたものだったのです。

砂糖の害については、多くの研究者がさまざまな研究データとともに、教えてくれています。アトピー性皮膚炎、ガン、糖尿病、リュウマチ、老人性痴呆症などに侵されやすい体を作るのは、その多くが砂糖の害によるものです。くれぐれも、甘い誘いには乗ってはいけません。

断食のすすめ

年1回の断食を始めて30年以上になります。断食の大きな目的は、命の元であるきれいな血液を造ることです。これについては、「千島学説」を抜きに語ることはできません。まずは千島喜久男博士が、今から70年以上も前に発表した「千島学説」について、簡単にご説明しましょう。

現代医学では、血液は骨髄で造られていることになっていますが、そのことに疑問を抱いた千島博士は、丹念な研究を重ね、実験中に小腸の絨毛造血を発見しました。まず絨毛があり、そこから赤血球ができ、赤血球から骨や肉、生殖細胞など、すべての組織ができることを見出したのです。

この学説は、学会から全面的に否定され、強い圧力のもと、千島博士はやむなく論文の自発的取り下げを、受け入れざるを得なくなります。１９７８年に亡くなった後も、千島博士は今もって不遇な扱いを受け続けています。

しかし、完全無農薬での作物を完成するまでの、20年間にわたって作物を見続け、土の大切さ、土の中の根、根毛の大切さを深く知っていましたから、千島博士が言われる「**小腸は畑で、根毛と小腸の絨毛は同じであり、植物と人体は同じ**」と、説明していることが、大地に水が浸み込むようにすんなりと納得できたのです。医学的知識がなく、ただ作物を観てきたおかげでしょう。

千島博士はこうも書かれています。「断食によって小腸の宿便を取り、農薬や化学肥料を使っていない旬のものを感謝していただくことで、きれいな血液を造っていけば、治らない病気はない。小腸ガンは１％と言われるように、小腸は神（宇宙）の管理下にある」

この言葉が示すように、体のどこが悪くなっても、小腸は最後までなかなか悪くなったりしません。小腸が悪くなる時は、本当に終わりの時です。たいていガンには臓器の名前がつきますが、その中でも小腸ガンというのは、あまり聞いたことがありません。大切な血液を造っているところなので、小腸は天に守られ、その管理下にあるように思います。

千島学説が信じられないという方でも、小腸が吸収の要(かなめ)であることはご存知でしょう。小腸の働きが悪いと、栄養がしっかり吸収されずに、便となって体外に出てしまいます。いくら気を配った食事をしても、吸収されないのでは意味がありません。

小腸は「内なる外」とも言われ、外から取り込んだ食べものと直に接しています。これはウイルスに対しても同様で、小腸が健康であれば、ここでウイルスを食い止めることができます。小腸は造血と吸収の要であると同時に、免疫の要でもあります。

人が健康になるためには、腸内環境を整えることが何より大切なのです。

断食は自然治癒力を高める第一歩

そんなきわめて大切な小腸を、生き返らせる一番の方法が、断食です。宿便を取るには、1週間ぐらいの断食が必要だそうですが、なずなでは、腸の掃除と胃腸にお休みをあげるつもりで、毎年3日間の断食をしています。断食でもしない限り、命が終わるまで胃腸にお休みをあげることはできないのですから。

千島博士は「断食に勝る治療法なし」と言っています。また、ギリシア時代の偉大なお医者さんであるヒポクラテスは、**「月に1日の断食をしなさい。そうすれば病気はない。病気は神（自然治癒力）が治し、お礼は人間が取る」**と言っています。

野に住む動物たちは、お腹をこわしたり、悪いものを食べたりした時、大地に体を伏せて断食をします。どうすれば病気が治るか、彼らは本能で知っているのです。

断食をして空腹を味わうことで、食べものの大切さ、美味しさが身にしみてわかります。食べないことの苦しさ、食べることから解放される楽しさを感じとり、自然や宇宙との一体感を味わうことができます。自然治癒力を高める第一歩となるのが、断食ではないのかと思います。

ただし、断食には副食の摂り方をはじめとする、正しい方法がありますので、自分勝手にやることはお勧めできません。

なずなでは、3日間の断食会を行っていますが、実際は丸2日の断食です。日頃の不摂生を正すのにも良いものですし、この断食会（食わぬ養生会）は、今後も続けていきます。

よく噛んで食べる

腸内環境を整えることが、大切だと説明しましたが、そのためには、よく噛んで食べることも欠かせません。よく噛むと唾液がたくさん出てきます。唾液の中には、アミラーゼやリパーゼなど、現在見つかっているだけでも18種類の酵素が入っています。こうした酵素は、消化作用だけでなく殺菌・抗菌作用も持っているので、唾液の力が人体を守っていることになります。

玄米は、50回以上よく噛むようにしてください。特に玄米は、噛めば噛むほど甘く、美味しくなります。噛むことで顎が強くなり、噛む筋力と連動して、視力低下の予防にもつながります。体調が悪化している人は、100〜200回ほど噛んでください。

化学肥料や農薬を使わずに育った作物には、気が充満していますから、よく噛むことで気に満たされ、元気になっていきます。

噛む力が弱いと、体力も筋力も弱くなっていきます。硬いもの、粗食、麦飯、たくあん、味噌汁を食べながら、肉体を使う仕事をしてきた明治、大正、昭和初期に育った人たちは、肉体がしっかりしていました。現在１００歳を超えた人は、全国で５万人を超えておられるそうです。

ところが今は、よく噛まないばかりか、幼い頃から柔らかいもの、甘いものに偏った食事を続けてきた人が多くいます。そのため、歯並びが悪くなったり、顎が弱くなって、えらの張りがなくなっている若者が増えています。皆さんも子供の頃、お母さんに「よく噛んで食べなさい」と言われたのではないでしょうか。

よく噛むこと、硬いものを食べることの大切さを、もう一度、考えてみてください。小さいお子さんがいらっしゃる方は、このことを幼いうちからしっかりと身につけさせてあげてください。

第5章　人間とは何か、命とは何か

なずなグループ、8つの目標

「21世紀は水瓶座（アクエリアス）の人々（アクエリアン）によって、血の一滴も流さない革命が起こり、世の中の流れ（価値観）が変わる」と、マリリン・ファーガソンが『アクエリアン革命』という本に書いてくれています。この本を読んだ時は、21世紀になるのを待ち望んでいたのですが。今また、『アナスタシア』（ウラジーミル・メグレ著）という本がシリーズで出ています。アナスタシアは、より詳しく世の流れを変える方法を伝えてくれています。

世界中で、紛争やテロによる犠牲者が出ていますが、潜在意識の90％が大宇宙のすべてとつながっていることを忘れてしまい、目で見える10％がすべてと思い込んでいる結果ですね。

潜在意識で、すべてがつながっていることを自覚すれば、他人を殺すことは己をも傷つけ、殺すことであることがわかり、人殺しの戦争、テロなどできるはずがないのですが、正義の戦いだ！　聖戦だ！　などの言葉を信じ、大宇宙から預かっている尊い命を失っています。1日も早く、宇宙エネルギーである魂は、すべてにつながっていることに気づいてほしいと願うばかりです。

「なずなの会」発足以降、会を支える機関を必要に応じて作ってきました。農場（なずな農園）、店、研修施設、本作り部門、これらをなずなグループと言います。

この最終章では、私が主宰する「なずなグループ」が目指している8項目について書かせてもらいます。

1　循環農法の大切さを伝え、日本中から化学肥料と農薬をなくす

畑の中で、1本の間引いたニンジンを見つめていると、ふーっと意識が消えて、ハッという世界に入りました。そのことをどのように伝えるか、考えに考えた末に、「すべてはまわっている。循環している」という言葉となりました。

循環から外れた生き方をしてきた、日本人の現状について、また日本という国の危険な現実について知ってもらいたくて、１９８６年（昭和61年）４月になずなの会を立ち上げ、会員さんたちに完全無農薬、無化学肥料の玄米や野菜を配達しながら、月1回「なずな新聞」を発行して訴えてきました。１９９２年（平成４年）から「なずな問答塾」を開いています。講演を聴いてくださった方や、『ニンジンから宇宙へ』などの自著を読んでくださった人たちが集まって来られます。

また、自給を目指したい人たちの思いに応えるための「百姓塾」も開いています。循環の思想と循環農法をいろいろな方法で知り理解していただき、実践していただく機会を提供しています。

循環農法は難しく考えず、やってみましょう。百姓塾に参加した人たちには、畑も庭もない環境だったら、まずはプランターでもいいですから、何か野菜を植えてみてください、とお願いしています。自分が口にする食べ物を人任せにしないでください。自給をしてほしいですが、まずは食べ物としっかり関わる時期を、若いうちに持っていただきたい。それこそ兵役ではなく、農役という時期が若者に与えられたら、どんなにいいでしょう。

近代化学農法からスタートして、完全無農薬、無化学肥料での循環農法を完成するまでの20年間、さまざまな体験と試練を与えられました。死後界を見せられ、その後、見えない潜在意識の存在に気づき、大宇宙のすべてを動かしているエネルギー（気）を感じることができるようになり、作物との気の交流ができるようになって、この農法は完成できたのでした。

医療機器の会社を辞めて、百姓になりたいと言う三男が、百姓になって4年目、「お父さんが種を蒔けば、何でもきれいに発芽するのに、僕が蒔くと、特にニンジンの発芽が悪く、まばらになるのはなぜか？」

と言うのです。やっとそこにたどり着いたか、と思いました。

「それは、お前の心がニンジンの意識とつながっていないからだ」

と。種を蒔く時、種と一体になれば気の交流ができ、うまく発芽することを伝え、その方法は、種蒔き機の種が落ちる薄暗い空間にパラパラと落ちるのが見えてくると、発芽がそろうと話しました。

種蒔きを始めて、突然「お父さん、見えた！」と叫び、喜んで30アールの種蒔きを終わらせました。それから2週間後、見事に発芽したニンジンに感激していました。

想いの大切さ、気の大切さに気づいた、その3ヵ月後、小麦刈りに向かうコンバインの移動中、10ｍほど下の畑に転落して25年の人生を終わらせてしまいました。

絶望の中で、すべてを投げ出していました。10日ほどしてキュウリやナスのことを思い出し、畑に出かけてみると、キュウリやナスが泣いているのです。「何とかしてほしい」と。それでも気力もなく、ボーっとキュウリ畑に立っていると、死んだはずの息子が現れ、言うのです。

「死後の世界を知っているお父さんが、なぜそんなに悲しむのか。僕はいつもお父さんのそばにいるよ。お父さんには使命があるだろう」

そう言った後、ふっと消えたのです。肉体は亡んでも、魂は永遠不滅だと知っていたのに、かわいい息子を突然失ったことで、そのことを忘れていたのです。わかっていても、今でも息子のことを思うと涙が止まらなくなってしまいます。息子の助言によって時間はかかりましたが、立ち直ることができました。循環農法を伝える使命があるのです。一人でもいいから、循環の思想と循環農法を実践し、伝えてくれる人が育ってくれればと、２００２年（平成14年）弟子制度を立ち上げました。今では、それぞれの場で独立し、実践してくれています。

弟子たちが自身の体験を通して、循環の思想を深く理解し、循環農法で育ったお米や野菜の素晴らしさを、末永く伝えてほしいですね。そして弟子たち、百姓塾で学んだ人たちの輪が広がり、日本中から農薬と化学肥料が無くなることを願っています。

2 日本の穀物自給100％を実現する

日本の穀物は、どうなっているのでしょう。

小麦の消費量が、お米の消費量を超えたと聞き、ああ、また小麦の中に含まれる化学肥料や農薬に反応する、化学物質過敏症やアトピー、難病奇病が増える一方だと、暗い気持ちになってしまいました。なぜなら、外国から輸入される小麦が8割と言われているのですから、特にアトピーの人は激増するでしょう。

なずなでの食事のチェックによって、はっきりと答えが出ているのです。アトピーの症状が出ている人は、安全と言われている国産の小麦でも、拒否反応して食べることができません。くり返しますが、輸入小麦は、穀象虫(こくぞうむし)が食べるどころか逃げ出し、蓋をして逃げられないようにすると、みんな死んでしまいます。

なずなの料理研修に来られた方たちに、「ポストハーベスト」のビデオを見せると、皆さん震えあがってしまいます。それほど強力な殺虫剤が入り、カビないように殺菌剤がかけられたものが、何も知らない消費者の口に入っています。

輸入農産物は、生産の段階でも化学肥料や農薬で汚染され、さらに防疫のための農薬が使われています。さらに遠くから時間をかけて輸送するため、虫が食ったり腐敗しないように、強力な殺虫剤や殺菌剤、防腐剤がかけられているのです（ポストハーベスト農薬）。そのような輸入農産物が、人の命を守る食糧と言えるでしょうか。よくよく考えてみてください。

貿易自由化が叫ばれていますが、食糧は決して輸入してはいけないことを、一人ひとりが知り、買わない、食べないことです。輸入しなければ人々は飢え死にすると、金儲けを企んでいる人たちが騒ぎますが、農薬づけのものを食べ続けたらどうなるか、結果が山ほど出ているのに気づかないのが不思議です。

また、世界では覇権争いなどによって、食料不足問題もすでに引き起こされていますから、自給率が世界でもっとも低い日本では、急いで自給率を上げる必要が迫っているのです。

お米も小麦も、化学肥料も農薬も一切使わない栽培法によって、生み出してくれる命と、宇宙エネルギーいっぱいの穀物を、１００％自給する以外に、皆が生き延びる道はないことに、一人ひとりが気づくしかないと思い、このことを訴え続けています。嬉しいことに、なずなの百姓塾参加者の中には、米作りを始められる方たちも増えています。

3　すべての化学物質の製造中止を訴え、ダイオキシンや酸性雨などの人為的公害の減少に取り組む

化学信仰の信者となっている人たちが、世界中に計り知れないほどおられるのでしょう。食べてはいけない食品を、何の迷いもなく口に入れています。化学肥料、農薬づけの作物や、化学合成された疑似食品があることを知っているのでしょうか。そ

の結果は身の周りを見れば、一目瞭然でしょう。ガン患者の増加、アトピー症状の人の増加、そして子供ができない夫婦。子供の人口減少は、昨年以上に進んでいるようです。

ずいぶん前に話題になった『ノストラダムスの大予言』に出てくる、「空から火の雨が降る」という一節を読み、何が降ってくるのだろうと思っていましたが、10年以上前から酸性雨がひどくなりました。

雨に濡れたトラクターのカギに、一夜で赤サビが付いたのを見て、酸性雨に気づき、測定器を買って測定を始めました。すると7月ぐらいから酸性雨がひどくなるということがわかりました。この原因は、工業化による排気ガスや偏西風に乗って、空から降ってくる汚染物質であり、これが火の雨だと気づかされました。

これらが川に垂れ流されて、川や海を汚染し続け、ここかしこに出ていた湧き水は、道路の整備や田畑の基盤整備で消えてしまっています。水道水は塩素で殺菌され、今では生きた水がなくなり、ガソリンや牛乳より高価なペットボトルの水を飲むしかなくなるという、大変な世の中へと変わってしまいました。生きた命のエネルギーに満ちた水は、ごく一部の人しか飲めなくなっています。それでも人々は、自然破壊を繰り返し、金儲けに向かって暴走し続けています。

人の命は、お金で買うことはできないのに、命を滅ぼす方向、お金を得るために体をこわし、ストレスを溜めているのではないでしょうか。化学物質がダイオキシンという最強の毒物に変わり、そのダイオキシンを体に入れることで、ガンとなり、次々に命を落としているのに、お金を追いかける労働を続けているのです。

ちょっと立ち止まって、よく考えてみてください。このまま進んで良いのか？　人の本当の幸せとは、どのような生き方なのか？

4　自然海塩の大切さを伝え、日本中の人が自然海塩を頂けるように推進する

塩のことを考えるようになったのは、小学校5年生の夏に、初めて海水浴に行った時からでした。海へ入ったら、海水が塩からい。なぜだろう。川の水は塩からくないのに、その水が流れ込んだ海水は、なぜ塩からいのかわからないから、先生に尋ねる

と、それは塩の山があって、それが溶け出して流れてくるから、塩からいのだと教えてくれました。でも何となく、その答えでは納得できませんでした。疑問を持ったまま時は流れていきました。

1982年（昭和57年）、39歳で無農薬、無化学肥料での野菜を完成し、翌年5月、循環の世界へ。「すべてはまわっている」という物差しで塩を追いかけ始め、やっと納得のいく答えにたどり着きました。その頃、フランスのルイ・ケルブラン博士の発見した、原子の転換を知っていましたから、塩の中の無数のミネラルは、植物が作り出した酵素態のミネラルが草や木、落ち葉の中にあり、植物体の中のエネルギーをミミズや昆虫、微生物が食べて出した糞の中にミネラルが出され、そのミネラルが雨水によって流れ、川を下り、海へ注ぐ。海水はミネラルのスープであり、これを煮つめたものが塩だったのです。

アトピー性皮膚炎の女性との関わりから、食の大切さを確認でき、相談に来る人たちに食事指導をするようになりました。その時の食事ノートのチェックから、人体においても塩（ミネラル）の大切さを知ることになり、ミネラルの入っていない塩化ナトリウム99％の塩（化学塩）を、すべての国民が摂らされるようになった1972年

（昭和47年）の塩田法の施行から、急激に病人が増え始め、アトピー性皮膚炎をはじめ難病、奇病、花粉症などが出てきていることに気づきました。心臓や肝臓、腎臓などの臓器の病気も塩切れ（ミネラル不足）にありました。

そして循環農法のお米や野菜、そして海水から造り出された自然海塩を摂ることで、多くの方々が元気になっていくのを見ていると、農薬、化学肥料の恐ろしさと、ミネラル不足の恐ろしさが、しみじみとわかったのでした。１９９８年（平成10年）に、有志によって、「なずなの塩」が創業開始したことで、塩切れの病気の人たちも元気になる人が増えていることは、喜ばしいです。

まだまだ一向にガンやアトピー、化学物質過敏症の人たちが減ることはないようです。農薬、化学肥料、石油から作られる疑似食品がなくならない限り、病気は増え続けるでしょう。海水塩（ミネラル）がいかに重要であるか、深く深く知っていただきたいです。

5 玄米食の素晴らしさを伝え、心身ともに健康な人を増やす

玄米ご飯との出会いは、ちょっとしたきっかけでした。最初から玄米の素晴らしさを知っていて、食べ始めたのではないのです。1982年（昭和57年）、奈良県五条市で行われた、2泊3日の研修会（第7回地湧きの会）で、講師のお一人、和田重正先生が、夜の講義冒頭で、「先ほど食べた白米も美味しかったですが、うちの家内が炊いてくれる、玄米に雑穀を入れた玄米ご飯は、格別な美味しさですよ」と言われた一言が、意識深く入り込んでしまったのです。

早速、家に帰るなり、手持ちの圧力釜で玄米を炊いてみたのですが、炊き方も知らずに始めたものですから、硬くて家族は一口でやめてしまいました。よく噛むと美味しさが少し感じられ、硬い玄米を一人で食べ続けました。

圧力釜を替えてみることにし、一度目に勧められたものでは納得いかず、二度目に

勧められた平和の圧力鍋で、やっと美味しい玄米ご飯に出会えました。アルミの内釜付きで、外釜に１８０ccの水を入れ、内釜に玄米と同量の水、そして塩（1升の玄米に対して20ｇ）を入れて炊いてみたのです。強火20分から弱火20分で火を止め、蓋を開けるまでの蒸し時間20分。恐る恐る蓋を開けてみると、今までとは違う炊き上がりです。

食べてみると、モッチリと柔らかく、とてつもなく美味い。少し噛むだけで甘みが口中いっぱいに広がってきます。やっと出会うことができた圧力鍋でした。アルミだから良くないと批判する人もいますが、30年以上食べ続けていますが、何の異状も起こっていません。

玄米ご飯を食べ始めて1年で、85kgの体重が65kgに減り、どうしても禁煙できなかったタバコも、何の苦労もなく止められました。ひどかった肩こりも解消。またお腹の冷えも治り、真冬でも股引をはかないで過ごせるようになりました。そのうえ夜中まで働いても疲れなくなったのです。嬉しくて、嬉しくて、人の顔を見ると誰かれなく玄米食を勧めていました。

ある時、体調の悪い人に熱心に玄米を勧めると、「そんなものを喰うくらいなら死んだほうがましだ」と言われたことがあります。ビックリして、「玄米ご飯を食べたことがあるのですか」と尋ねると、「食べたことはない！」と怒られたことがあります。そこで気づかされたのです。どんなに良いからと教えたくても、聞く気のない人に話しても嫌われるだけなのだと。

このように、玄米食は賛否両論ですが、玄米食を始めてみてください。健康だけでなく、長く食べ続ければ運命も良い方向へ変わっていきます。ただし、玄米を通して、大自然に感謝の心で向かい合い、祈りの心を忘れないことが大切だと思っています。

6 千島学説（小腸絨毛造血説）の理解者が増えることを願う

千島学説との出会いは、１９８２年（昭和57年）、奈良に出かけた折に、『千島学説入門』を注文して帰り、届いた本を読み進む中で、ぐんぐん引き込まれていったことがきっかけでした。

医学の知識はまったくなかったのですが、現代医療の世界では、血液は骨髄で作られているとのこと。そんなことも知りませんでした。

千島博士は、１９３９年（昭和14年）、孵卵器の中で、卵からヒナになる過程を顕微鏡で観察していると、１週間で有精卵には血液ができてくる。さらによく観察していくと、ある矛盾に気づきます。

骨髄造血の考え方からすれば、骨ができてから血液ができると思いますが、実際は骨ができないうちに血液ができている。骨髄造血に疑問を持ち始めて研究を続け、ついに、初めの造血は卵黄嚢で始まり、赤血球がすべての細胞に変わること、白血球も赤血球が変わったもので、すべては赤血球が元であり、その赤血球は骨髄ではなく小腸の絨毛で作られることを突き止めました。

顕微鏡写真もたくさん撮り、論文をまとめて、１９４７年（昭和22年）に九州大学に提出するのですが、受理されたまま10年もの長きにわたり、審査もされずに放置され、あげくは取り下げを勧告されるという理不尽な仕打ちを受けたのです。

やむなく別の大学で、あたり障りのない論文で医学博士号を取得されたのですが、先の研究結果を世に問いたくて、自費出版にて『千島学説全集　全5巻』を１０００

セット出版されました。ある方が500セット買い上げてくれたおかげで、家を売らずに済んだと、漏れ聞いております。

この全集を、運よく手に入れることができて読み進めると、とてつもなく広い分野にわたって研究されていることに仰天しました。世の中は広い。どのような偉い人がいるか、計り知れないとしみじみ思いました。

医学知識もない百姓が、千島学説を何の抵抗もなく受け入れ、理解できたのは、千島博士の説明の中に、「小腸は畑で、絨毛は植物の根毛に値し、人体と植物はまったく同じ原理で成り立っている」とあったからです。畑の中で無農薬栽培完成のために知り得た、植物のすごさと根毛の働きを知っていましたから、すーっと理解できたのです。本の中で、小腸の大切さ、絨毛のすごさを説いています。

しかし、現代人は小腸に宿便をいっぱい溜めており、きれいな血液を作ることができない。小腸をきれいにするには、断食が良いとの教えに納得しました。それで、千島学説に巡り合った年の年末から断食を始め、現在も年1回の断食会を開催して、胃腸さんたちにお休みをあげています。おかげで胃腸の調子が悪いということのない日々を送っています。

千島学説は、現在もまだ公に認められていませんが、各地で研究会が立ち上がっており、多くの方が学んでおられます。皆さんも千島学説の理解者になっていただきたいと思います。

7 陰陽をわかりやすく伝え、楽しい人生を送れる自由人を増やす

陰陽と聞くと、戸惑う人もあるかと思いますが、陰陽の物差しを手に入れると、大宇宙、大自然のいとなみが手に取るように見えてきます。今、皆さんのほとんどの人たちが手にしている物差しは、知覚することができるたった10%に顕在意識がすべてと思い込んでいる、というか、教育などによって生きていくうちに思い込まされてきた、そういう状況で培われた物差しではないでしょうか？　その物差しで世の中を見て、手探り状態で人生を送っている人が多いのではないかと思います。

陰陽をわかりやすく伝えるために、桜沢先生が七つの法則と十二の定理で説明して

くれています。この物差しのことを桜沢先生は「魔法のメガネ」とおっしゃっておられます。私たちは、それぞれの物差し（メガネ）で世の中を見ていますが、メガネが似かよっていれば、お互いにぶつかり合うことがないのですが、そうはいかないことが多々あり、生き難さを経験されている方もいらっしゃることでしょう。「魔法のメガネ」は、どなたにも共通のメガネです。このメガネで大宇宙、大自然を見ることは、同じ価値観を持つことになり、争いがなくなり、真の平和が訪れると思います。どうかこのメガネを手に入れて、楽しい人生を送れる自由人になっていただきたいと思います。

8 人間とは何か、命とは何か

人間とは何か、と言われたら、誰しも戸惑うのではないでしょうか。それも、「人間＝人」だと思われているのではないかと思います。

２０００年頃、日本ＣＩ協会の専務理事をしておられた、花井陽光さんが訪ねて来られ、いろいろとお話しているうちに、どうしても合わせたい人がいると言うのです。後日、講演で愛知に出かけた折、その方に会いに行きました。すると、初対面なのに「ずいぶん苦労してきたな。そしてその苦労をすべて乗り越えた。これからは、今までのような苦難は来ない」と予言者のように言うのです。

半信半疑の思いでいると、いきなり「赤峰勝人はどこにいる？」と言う。「はい、ここに」と自分を指すと、笑いながら、「生まれてくる時に名札でも付けてきたのか？ただの赤ん坊ではなかったか？」と言われ、絶句。やおら広辞苑を出してきて、「人間とは何か？」と訊かれ、「人でしょう」と答えると、「人間」を広辞苑で引いて見せられたのです。

そこには、こう書いてありました。「人の住むところ。社会。ジンカン」。人間＝人とは書いていないだろうと言われ、人間と人は同じと思っていたことに唖然としました。ジンカンではわかりにくいが、車間と言えば車と車の間で、間に車はあるか？人間（ジンカン）で人と人の間に人はいるか？　この話で〝人はいない〟ことを知ったわけです。

さらに「お前、世直しをしたいのだろう。そう思っているなら、〝私〟という言葉を一切使うな。この言葉を使った瞬間に相手と対立が生まれ、相手に話は伝わらない」と言われ、驚きを隠せませんでした。

それからしばらく、講演で出掛ける際には、時間を作ってその方を訪ね、いろいろな話を聞かせてもらいました。1年ほどかけて、〝私〟という言葉は言わない、書かないように消していったのです。

話を聞かせていただくうちに、この人のたどり着いたところから、おのれが長い間、求め続けていた、命とは何か、人間という生きものは何者かという問いへの答えのヒントをたくさんいただきました。

まず、名前の話ですが、赤峰勝人という名前と、その人体は一つに見えるけれど、肉体が滅んでも名前は残っている。名前と人体は別物ではないか？　でも世界中の人が、その矛盾に気づいていない。そのためにありもしない名前を残そうと、石碑に名前を刻んだり、記念碑を建てて、名前を残すことに莫大な時間とお金を使っている。そのことに何の疑いも持たずに。

生まれて、名もない赤ちゃんの人体に名前を付けて、戸籍という仕組みを作り、役所に届けなければならない法律を作り、赤ちゃんをその名で縛り、その名を呼び続けることによって、いつの間にか名が人体を乗っ取り、名を呼ばれるとその人体が、はい、と答える。この段階で、名が人体の乗っ取りを完了し、名が人体を我が物顔で使い、いろんな仕組みを作らせる。まずは名を作り、すべてに名前を付け、教育の名でいろんな仕組みがあることを教え、人体はそのことを疑うこともなく信じる。

名前の付いた人体が、政治や経済を立ち上げ、次々に法律を作り続けて、人体をがんじがらめにし、誰のものでもない大地に地球という名を付ける。その地球に線を引いて、何々の国と名前を付けて争いの元を作る。名前を付けることで自己が生まれ、自己が元になって自我が生まれ、自我欲が元になって、権勢欲、支配欲が生まれ、あいつより俺が上だと思うように仕組まれる。

教育の中で、試験という仕組みを作り、点数をつけ、点取り虫が優等生になって、俺はあいつより偉い、などの勘違い、考え違いをしてしまい、人を見下す人間になっていく。

社会に出ると、優等生はエリートとして、いろんな業界でトップになるように仕組まれ、地位とお金を追いかけ、人を愛することも忘れてしまうような人間になり、自分が世の中を支配し、動かしているような錯覚の中で、短い尊い人生を棒に振っている。

何が大切で尊いものかを、知るようにするのが教育だと思うのですが、今の教育ではそのようなことよりも、お金という紙切れをより多く持つことが幸せだと思い込ませ、人の幸せなど考えることさえできない人間に育ってしまっていると思えてなりません。何が本当に正しいのか、ということに気づかないようにされているのではないでしょうか。

このような中でも、我々は何のためにこの地球という大地に降りてきたのか、思い出してほしいのです。

地球上に降り立って来る人々は、何のために来るのでしょう。一木一草地球上に育つ一つひとつの草や虫や菌のすべてが、使命を持って出てきています。万物の霊長と言われる人々に、使命がないはずがないと思っています。皆さん一人ひとりに違った能力と使命があるはずです。

そのことを知るには、潜在意識の扉を開くことだと思います。潜在意識の扉を開く方法は、赤峰の場合、死のダイビング（鉄棒からの落下事故）がきっかけでしたが、いろいろな方法があるのではと思っています。お釈迦様は難行苦行の果て、中道の道を知ることで潜在意識の扉を開いたようです。塩谷信男先生は呼吸法で、また禅を続けることで開いた人たちや、武道の道を究めて潜在意識の扉を開いた人たちもおられます。この方法でなければならないということはないようです。自分の心に聴いて取り組んでください。

どんな方法でも、循環、陰陽から成り立つこの世界を、じっくりと認識することは欠かせないことです。知識でなく、実感してください。そして閃きを、どんな小さなことがらでも、閃きの声を聴いてください。

一人ひとりが潜在意識の扉を開き、大宇宙に存在するすべてに意識があり、すべてつながっていることを知ること、そして、おのれの使命を知ることによって、人はどう生きたら良いのかの結論を出すことできるでしょう。それは、マリリン・ファーガソンやアナスタシアが言っている無血革命につながると思っています。

エピローグ

東京での、千島学説研究会の集まりで伊藤英俊氏にお会いし、いろいろとお話させていただく中で、本の出版という打診を受けました。

さて、どういった形の本にするかを検討した結果、畑で知った陰陽と自然界の中で体験した自然療法を主な内容にしようということになって、さっそく作業に入りました。ところが進めるうちに、それだけでは終わらず、各分野へと広がってしまいました。

そこで、陰陽、自然療法を知ってもらうことと共に、多くの人が一般常識と思っていることが、間違った常識だということに気づいてもらうことを心がけて書きました。例えば、「虫食い野菜は安全、無農薬の証」という一般常識は、本当は間違った常識だということに気づいていただけたでしょうか。

間違った常識にどれだけの人が気づき、生活を変えてくださるのか。常識をひっくり返す内容ばかりで、なかなか信じてもらえないかも知れませんが、多くのアトピー性皮膚炎の方が、アトピー症状から解放されているという事実があります。

また、世の中の混乱の元がどこにあるのか、ということに対してのヒントも、できるだけわかりやすく書いたつもりです。人間とは、命とは何か。人々の命はどこから来て、どこへ行くのか。いったい我々は何者なのでしょう。
一緒に考えてみませんか？

赤峰 勝人

赤峰 勝人（あかみね かつと）

1943年、大分県臼杵市野津町生まれ。大分県立三重農業高等学校卒。宇宙の真理に根ざした循環農法（完全無農薬、無化学肥料栽培）で野菜、米を育てる百姓。1986年に「なずなの会」を立ち上げ、会員さんたちに安全で美味しい、元気を頂ける野菜や米などを配達、また配送しながら、食べものを通じて循環の大切さを訴え続けている。なずな新聞の発行。問答塾、百姓塾、断食会、収穫祭、野草会などを実施。加えて全国各地で講演を行ってきた。

夢想神伝流居合道五段、合気道三段。

著書に『ニンジンから宇宙へ』『ニンジンから宇宙へ II』『私の道』『循環農法』（以上、なずなワールド）、『ニンジンの奇跡』（講談社プラスα新書）他。

食のいのち 人のいのち

2023年6月2日　第1刷発行

著　者　赤峰 勝人
発行人　伊藤 邦子
発行所　笑がお書房
〒168-0082　東京都杉並区久我山3-27-7-101
TEL03-5941-3126
https://egao-shobo.amebaownd.com/
発売所　株式会社メディアパル（共同出版者・流通責任者）
〒162-8710　東京都新宿区東五軒町6-24
TEL03-5261-1171

企　画　伊藤 英俊
編　集　松原 敏雄　後藤 靖子
写　真　山﨑 圭子

デザイン　市川事務所
印刷・製本　シナノ書籍印刷株式会社

ISBN978-4-8021-3397-5　C0077

＊本書は『食の命 人の命』（マガジンランド2016年7月刊）を改訂し復刊したものです。